教会我们从简单的事情中获得快乐。

——拉迪亚德·吉卜林

# PLAIN

**TERENCE CONRAN**

# SIMPLE

**THE ESSENCE OF CONRAN STYLE**

# USEFUL

# 家居空间设计指南

# 康兰谈风格

（英）特伦斯·康兰　著
张海会　译

辽宁科学技术出版社
·沈阳·

本真，简单，但实用。

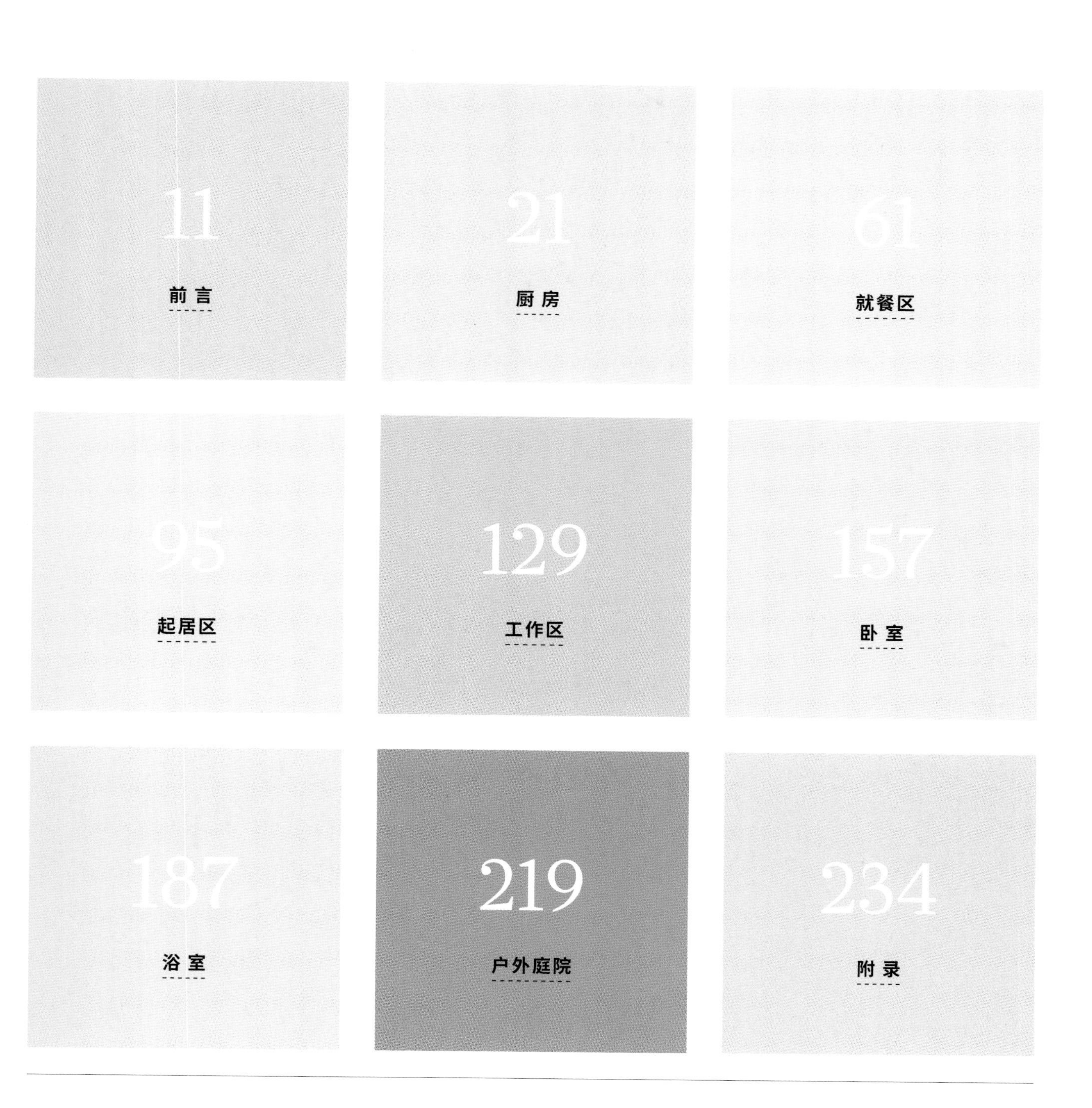

11 前言
21 厨房
61 就餐区
95 起居区
129 工作区
157 卧室
187 浴室
219 户外庭院
234 附录

PLAIN

本真

SIMPLE

简单

USEFUL

实用

# 前言

p.12图　我伦敦家中位于一层的开放式厨房/就餐区。收藏的玻璃器具摆放在炉具和水槽上方的壁板上。

# 前言

现代快节奏的生活常常会给人们带来些许不安与干扰，而家作为日常生活的主要空间，越发地成为让人们恢复活力与元气的场所。尤为重要的是，它应该为在里面发生的所有活动提供便利。

与此同时，在家里，我们要能够自由自在地生活，能够不断提升自己的品位，能够舒适地度过每分钟。我一直坚信，无论是物件还是环境，越是本真、简单、实用，越能造就舒适的生活。它们摒弃了毫无意义的繁复感与流于表面的形式化，回归真实，经久不衰。在家居空间设计中，这些独特的品质可以打造出时尚、自信、经典的风格。在这样的环境中，色彩更加醒目，图案更显神韵，而我们可以拥有更多的空间来展现个人品位。

**本 真**

本真（Plain）意味着事物本身简洁而不加以修饰，不需要掩盖，也无须强化。

**简 单**

简单（Simple）意指便于操作并带来直接的相关体验。例如，在度假时，阳光透过窗户洒落进来，脚踩在质感十足的地毯上，让人感到宁静与平和。

**实 用**

实用（Useful）是指实际的适用性，而不像小工具和家用电器那样由于功能过多从而引发需要解决的新问题。例如，一把高度恰到好处的椅子和一张支撑角度最佳的床。

**下图** 我珍贵的财产之一——手工定制工具箱。这是木制品公司Benchmark送我的生日礼物，完美地诠释了本真、简单、实用的精髓。

我常常会想，之所以大家会避开这种简单的方式，是因为它往往会让人联想到缺钱。诚然，简单会意味着经济实惠，是其优点所在，这与简陋贫乏相去甚远。而且有的时候，简单的东西没有那么便宜。可以看看震颤派教徒（以朴素苦行为宗教原则的教派，时至今日，震颤派教徒最为人所津津乐道的是他们在建筑和家具方面的独特设计传统）的设计，就会理解本真、简单、实用的事物是如何通过高超的手工技巧以及精湛的材质处理工艺而实现的。

我非常幸运能够去布莱恩斯顿学校学习，虽然以卖掉了家里的银器才得以支付起学费为代价。而且，我能够师从唐·波特（Don Potter，著名字体设计师埃里克·吉尔的学生）学习金属、木材、石材和陶瓷的手工制作工艺。此外，我还十分幸运地从查理斯·汉得利–里德（Charles Handley-Read）那里学习到艺术知识。

然而，至今令我难忘的是去参观布兰德福德附近的豪宅——其宏伟和奢华的程度令人震惊，镀金装饰和天鹅绒材质遍布室内，在墙上挂着全家人的肖像画，处处彰显富裕程度。

不知为何，我为这种奢华所带来的优越感而感到沮丧，突然想到佣人工作和生活的地方去看看。记得当时，我深深被那种真实、简单而实用的氛围吸引——厨房内井井有条，员工餐厅漂亮而朴实，酒窖优雅精致，在奶牛工和园丁的房间处处可见实用的工具，方便劳作，一切都是那么自然。

从那时起，我开始拒绝过度装饰，并致力于设计真实、简单、实用的产品。当然，那些充满设计智慧的漂亮物件会很贵，会经久不衰，但付出远远超出回报。现在大家意识到环保和可持续发展的重要性，因此在装修自己家时，要有长远的眼光，适度消费，尽量避免过度奢侈。建议避免选择一次性物品，秉承实用的原则，然后会发现终生将乐在其中，并且子孙后代会受益良多。

本书在原版基础上修订再版，增添了新的章节——户外庭院，讲述如何亲手打造更环保的生活方式。

p.16图　宽大的打蜡地板为全白装饰提供朴素的背景，并成功使其成为焦点。白色塑料椅子（伊姆斯DSW座椅）的木质凳腿采用黑色金属丝支撑，该设计曾在1948年荣获由现代艺术博物馆（MOMA）举办的低成本设计竞赛的奖项。

p.18～19图　室内外空间的流动性赋予屋内更多活力，在不同区域之间需要精心规划。

## 整体性

将基本问题整理清晰即成功一半——必须创建合适的基础服务设施以及空间动线模式，确保整体的可行性。值得一提的是，安装足够的供暖设备以及电源是非常必要的，同时保证它们被设置在恰当的位置。

### 注重材质特色

建议选择自然又坚固的表面装饰材料，经久耐用且永不过时。不要分散地处理每个空间——在有限的色调和纹理中进行选择，并在不同区域内重复使用，从而确保整体空间的统一性。

### 细节是关键

精心设计和处理细节（门把手、锁扣、水龙头、开关以及电源插座），连同建筑特征（门框、踢脚线）一起，在不知不觉中提升空间品质，尤其在触觉也被考虑的前提下。我在重新装修乡下的房子时，用镍把手取代原来的陶瓷把手，现代感和清新感随之而来。

### 建立动态关联

在家一天，我们需要在不同区域之间活动，上下楼，进进出出。因此，这些过渡空间的设计同等重要，需要仔细规划，建立不同区域之间的关联。与此同时，这些空间要保持整洁干净，让人能够舒适地生活。

PLAIN

本真

SIMPLE

简单

USEFUL

实用

# 厨房

KOHLER

p.22图 在光滑、反光的表面可以充分利用自然光。这是我伦敦家中的厨房，专门选择玻璃防溅板和可丽耐台面。射灯嵌入壁板底部，使得下方的水槽更加突出（见p.46～47图）。

# 厨房

厨房这一概念在第二次世界大战后几年开始兴起，其设计宗旨是节约劳动力，提高劳动效率。为此，空间表面及装饰均以易于清理为目标，同时采用先进的设备解决繁杂的家务。从此，厨房开始不断进化，有了特定的风格、特征和地位。但实事求是地说，大多数厨房都被过度装饰，过于繁复，大大掩盖了其实际用途。我经常想起《厨艺大师》（*Masterchef*）节目中选手使用料理机切碎核桃的场景，其实用一把尖刀在几秒钟之内就可以完成。精心设计的专业厨房通常会布满各种各样的小工具，这其实是一种被误导的思维方式。事实是，无须花费很多去打造一个看起来能够良好运转的厨房，相反，有限的预算会让人花费更多的精力去选择真正需要的。烹饪是一项充满创意的活动，所以厨房最好以手动实践的空间为主。

p.24图　L形布局用途广泛，在有限的空间内能让人很好地工作。这种布局非常适合开放式起居区/就餐区——将工作台作为空间背景。图中的台面和吧台采用胡桃木打造。

下图　与其他布局类型相比，岛式厨房需要更大的空间。中央岛台用于布置水槽和炉灶，或者作为备餐区。工作台面被特意提升，这为站着切菜等日常家务提供便利。

p.26～27图　直线式布局——工作台沿整面墙壁布置。厨房空间充裕，可以容纳一张大餐桌以及多种样式的餐椅，营造出热情好客的氛围。

## 布局

高效、舒适、安全的厨房环境都遵循一个定律，即布局设计以“工作三角”（省力三角形）为基础。这是一种展示厨房内3个主要活动区最佳关系的设计理念。

○直线式布局适合开放式空间、狭小空间或者需要在一段时间内将厨房隐藏起来的空间。这一布局需要至少3米的墙壁，确保烤箱和水槽之间工作台是最佳长度。

○L形布局适合开放式起居区/就餐区，利用两面相邻墙壁或一面墙壁和一个半岛。建议在直角处安装收纳装置，避免出现死角。

○走廊式布局是将厨具等布置在相对的两面墙壁上，墙壁之间距离不应小于1.2米。这种布局是狭窄空间的首选。

○U形布局需要利用三面墙壁或者两面墙壁和一个半岛，可以提供最大的储物和备餐区域。两翼之间的距离至少为2米，确保最佳使用效率。

○岛式厨房围绕中央岛台布置，提供烹饪、备餐及储物等功能。这种布局类型比其他都需要更大的空间。

DEAN & DELUCA
DEAN & DELUCA

**p.28图** 这么多年来，乡下住宅内的厨房一直是我家庭生活的中心，如今这里已经迎来孙辈一代。长长的餐桌和岛台以恰当的角度布置，整套的黄铜锅具和诱人的食材不禁让人眼前一亮。

**下图** 这是一个开放式厨房——工作区沐浴在从天窗照射进来的自然光线下，玻璃墙将就餐区和室外露台无缝连接。

**p.30～31图** 这是一个厨房——开放式的布局赋予空间足够的包容性，在室内外、就餐区和起居区之间建立关联。工作区的地面摒弃地板，其设计偏重实用性，与其他区域材质不同，但色调相似，因此看起来没有那么突兀。

## 家庭厨房

厨房除了作为烹饪和备餐场所，也可以被视作整个家庭生活的中心，充分显示其具备的包容性。那么，当厨房兼具其他多种功能时，如办公、游戏、就餐以及非正式会客，如何在视觉上避免混乱感?

一种方式即打造紧凑式烹饪区，并适当进行分隔——采用橱柜、货架或者滑动门将其与其他空间分隔开来。总之，合理的规划是关键。厨房是各种活动发生的场所，要么确保物归原位，要么布置专门的储物空间和独立的备餐区。这就如同账单、文件、玩具、艺术品等要分门别类处理一样。同时，要保证厨房的安全性并易于维护——避免电线乱设，橱柜要安装儿童安全锁。厨房的表面和饰面要易于清理。当然，可以将部分墙壁刷上黑板漆，用作家务信息板。

10 28
A CELEBRATION OF
THE commonplace,
THE local, THE vernacular
AND THE distinctive,

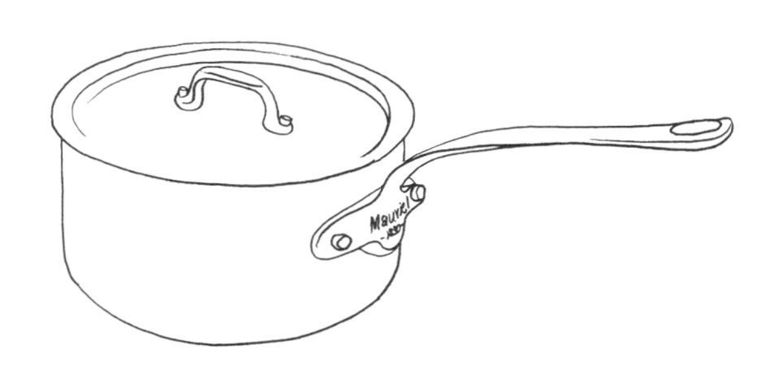


# *MAUVIEL* 厨具

大厨都特别热爱铜锅，这是有充分理由的。铜是一种热的良导体，其导热率是不锈钢的8倍，是铝的1.5倍。同样重要的是，铜还具备导热均匀的特点。由导热性较差的材料制成的锅具容易产生热点，食物会粘在上面，甚至燃烧。铜锅由于感温性较佳，因此非常适合不同的烹饪方式，如炒、炖，制作酱料和烘焙糕点等。

Mauviel厨具是一家家族企业，位于有“铜器之都”美称的诺曼底小镇维勒迪约-莱波埃勒。其自1830年起制造经典的铜质厨具，如今已经生产了1000多种不同类型的厨具，包括双重蒸锅（bains-maries）、火锅（cocottes and fondue sets）等，使用的材质主要是铜、不锈钢及铝。Mauviel厨具最具代表性的产品是M' héritage系列锅具，锅身采用90%铜和10%不锈钢打造，手柄采用清漆铸铁材质，便于清理。

毋庸置疑，铜质厨具价格昂贵，且维护要求较高。但是，它不但拥有迷人的外观，而且可以陪伴一生。综合考量，还是值得拥有的！

**下图** 紧凑式布局的小厨房位于斜屋檐下的一角，布局简单，一目了然。橱柜外观的色彩生动活泼。

**p.35图** 小厨房往往适合一个人在里面工作，走廊式布局是非常理想的选择。图中浅色调的宽地板不仅增强空间感，而且起到指引视线的作用。

## 小厨房

就像很多专业厨师说的一样，小厨房往往是更高效、更有创造力的空间。对于一个家庭来说，紧凑式布局更适合一个人在里面工作，因此要确保规划方式适合自己或者做饭的那个人。

为了充分利用有限的空间，一定要选择合适的布局，并在规划阶段花费大量的精力来寻求最佳方案。同样的方法可以用在橱柜和抽屉的内部构造上，如果有必要，可以定制隔板、拉篮和可调节的置物架，以免浪费空间。抽拉式或折叠式翻盖可以有效地扩展工作台或用作早餐台。

在厨房设备选择上，要着眼于实际应用，果断放弃不经常使用的物件。记住这是厨房，不是存放专业工具的地方。这条法则适用所有空间。

厨房可以采用淡色、明亮的反光材质饰面，增强空间感。橱柜和抽屉正面保持齐平，可以将视觉干扰降到最低。另外，可以取消底座，确保地面连续统一，从而在视觉上增加空间的开阔感。

p.36图　这个厨房空间保留原有的顶棚高度和檐口处理，内部摆放着开放式架子、简约的现代化设备以及传统的玻璃门橱柜。统一的色调处理实现了新与旧的高度融合。

下图　这个厨房采用木板饰面，增添了空间纵深感。顶棚的处理倍显温馨，与抛光混凝土地面相得益彰。

## 配套厨房

配套厨房自20世纪50年代开始流行，满足所有布局类型的要求。如果空间面积有限或者想在开放式区域内打造厨房，那么这无疑是最佳选择。按照标准尺寸生产，符合标准设备要求的规格，能够实现厨房内3个主要活动区的结合，提升使用效率，并在视觉上营造出整齐洁净的形象。

无论是大众化设计的合成材料制品，还是定制的实木结构，抑或是专业化的钢材和玻璃套件，配套厨房在价格和风格上都非常多样化。这里需要指出的是，不管你的预算是多少，建议避免选择繁复的镶板或过度的装饰，去尝试使用简洁的线条、简约的锁扣和门把手，并且注重打造细节。如果已经拥有一个配套齐全的厨房，但又想做一些改变，那么最经济实用的方式就是更换橱柜和抽屉的外观。

即便在低端市场，一个配套厨房也需要较大的投资，一旦安装，很难改变。因此，需要仔细规划，如果有可能，借助店内服务，尽量充分利用空间。

p.38图　独立的抽屉单元和中央岛台让人不禁想到传统的肉铺，更刷新了21世纪无配套厨房（Unfitted Kitchen）的形象。

下图　工业风格的独立不锈钢储物单元和高腿内嵌式橱柜为整个厨房带来专业化气息。

## 无配套厨房（独立厨房）

大多数厨房都会配备一些独立元素，几乎没有完全无配套设施的。让时光倒流，回到第二次世界大战前，看看那些家庭中佣人使用的厨房，里面有多种独立结构。

在现代厨房中，未配套的设施通常指大型电器和设备，如独立式冰箱和成套炊具。即便如此，它们也不会自由摆放，而通常被固定在框架中。

传统的厨房家具，如威尔士橱柜，切肉的案板桌，经过现代化的诠释彰显出简约风格和整体性，但依然散发出些许怀旧气息。20世纪中叶的现代风格橱柜以及商店售卖的回收家具同样具有复古韵味。

同样的方式也体现在其他方面——水槽和灶具安装在带有独立式外壳的模块化单元中，并与固定的公共服务设施相接（水、电、煤气等）。如此设计的优点是可以灵活布置，自由改变。

## 照明

良好的照明要提升安全性和高效性，同时也要适当增添灵活性。例如，安装调光器满足多方面的需求。

○厨房对于照明强度的要求高达起居区的3倍。同时，要注意反光表面引发的眩光，以免伤到眼睛，或者在烹饪和使用刀具过程中发生危险。光线需明亮且均匀。

○落地灯和台灯可以布置在就餐区，但要避免在厨房主要活动区中使用，以免拖拽电线带来危险。

○壁挂式筒灯是提供背景照明的有效方式。吊灯适合用于厨房内的就餐区——悬垂在餐桌上方，营造出温馨的氛围。当然，在工作台上可以安装整排吊灯，实用且美观。

p.40图　磨砂灯泡以不同高度悬挂在钢轨上，是专门为工作台打造的无眩光工作照明灯。

下图　嵌入式筒灯精心布置在备餐区和岛台上方。尽头的玻璃墙使得就餐区沐浴在自然光线中。浅色调反光表面及饰面增强了空间的通透感和开阔感。

○定向聚光灯、轨道灯和可调节筒灯是备餐区的最佳选择。在安装时注意对准工作台，避免身体的影子带来影响。

○条形灯能够提供均匀的光线，适合用于工作台照明。可以将其安装在壁挂式设备下方或隐藏在挡板后。

○调光器可以降低照明强度，适合安装在就餐区。

E

p.42图　不同材质在这个厨房中完美融合——亮面层压板橱柜木饰面、木地板、石材工作台拥有相似的柔和色调。

## 表面与饰面

厨房与浴室一样，需要使用防水且便于维护的表面和饰面。工作台面和防溅板要考虑耐热性和耐污性。地面要注意防滑。

在这里，本真、简单和实用意味着在选择材料时要以适合为目的，同时要考虑到外观的维护与保养方式。廉价的人造材料几乎不具备耐磨性，如薄薄的层压板、劣质的乙烯板等，迟早会被取代。虽然耐用的天然材料价格昂贵，但如果保养得当，其品质会随着使用年限的增加而不断提升。另外一个突出的优点是，其内在品质和纹理特色远远超出其表现出来的可能不够惹眼的淡雅色调。

需要强调的一点是，要注意材料接合处的处理。如果可以的话，尽量选择统一的表面材质，或者至少要将接缝处做到最小，打造出整体感。这样不仅能带来视觉上的整洁感，而且看起来更加干净卫生。很多工作台都带有一体式水槽和防溅板。

### 木材

木饰面虽然往往会让人想到乡下住宅的厨房，但是可以拥有时尚现代的外观。无论是上油的硬木工作台面，还是平滑的橱柜木饰面，抑或是抛光的实木（贴面）地板，只要处理得当（防潮、防污），都很美观且实用。

橡木实木复合地板当属最防水的木质地板，是一种层压板材，在我家浴室中就使用它。有一天浴缸里的水溢出来，但是没有一滴水渗到楼下书房的顶棚上。

### 石材

石材是厨房装修中比较经典的材料，传达出永恒的品质。多数类型的石材表面需要密封处理，大理石尤其容易出现污渍。地板石材包括板岩、石灰岩、砂岩和花岗岩，经过磨光和抛光处理，会更加防滑。经抛光处理的花岗岩表面会呈现出很多不同颜色和形状的小斑点，非常可爱，适用于工作台面。

### 瓷砖

瓷砖是厨房和浴室内的主要装修材料。与常见的普通规格相比，Metro风格（Metro-Style，倾向于理性、整洁、秩序化、单一形状、简约和平面化）或者马赛克更具视觉趣味性。瓷砖拼贴是展示色彩的最佳方式，但是过度的图案化会令人眼花缭乱。可以大面积张贴瓷砖，但一定要让专业人士来完成，否则一点儿的凸凹不平都会非常显眼。

**左下图** 内置橱柜单元的外观采用不锈钢饰面，为这个小小的厨房（就餐区）打造现代时尚的背景。

**右下图** 白色Metro风格瓷砖遍布整面墙壁，同人字形拼花硬木地板一起营造出复古气息。

**玻璃**

玻璃简洁不张扬，易于清理，适合用于工作台或防溅板。背光玻璃板可以以一种微妙的方式将光线和色彩引入。玻璃（磨砂玻璃或透明玻璃）饰面橱柜既能清晰呈现里面的物品，又能防尘，同时看起来更加轻盈。

**不锈钢**

不锈钢能凸显简约精巧，具备专业特性，可用于工作台面、防溅板和橱柜饰面。但是，大量的不锈钢会让人感到冷酷，望而生畏。另外，这种材质对维护要求较高。

**复合板和层压板**

可用于厨房装修的人造材料种类繁多，从经过黏合制成的层压板到由树脂制成的复合板一应俱全。需要指出的是，廉价的层压板是非常错误的选择，建议寻找高版本的材质替代。多数合成材料的表面都较易于清理，但耐热性和耐用性较差。

**左下图** 复合材质工作台带有一体式水槽，整体修边处理使其看起来格外整洁美观。

**右下图** 经过抛光处理的混凝土台面在现场制作安装，被赋予非凡的品质。

**p.46～47图** 这是我伦敦家中的厨房。工作区和楼梯之间通过钢化玻璃板隔开，与就餐区之间通过高矮不一的橡木吧台结构隔开，一边用作早餐吧，一边用作备餐区。备餐区采用抛光白蜡饰面，在视觉上营造轻盈感。

**混凝土**

混凝土简约质朴，适用于地面和台面。经过抛光处理的混凝土饰面看起来更加柔和。

**油毡和塑料**

油毡和塑料可以以多种形式呈现，非常适合厨房地面的装修。两者的区别很明显，塑料是人造材料，而油毡是天然材料，后者随着使用年限增长，品质会不断提升。此外，油毡更加卫生、保暖，而且耐污性强，色彩多样。

**涂料**

给厨房增添色彩的最简便方式即表面涂漆。可以抹掉的油基涂料（蛋壳漆）比水基涂料（乳胶）更实用，而且后者容易喷溅。在厨房和浴室中，可以选择具有专门用途的防潮涂料。

BRUT
Dorset cereals
GRANARY ORIGINAL
MEDIUM
crespo
IN BRINE

p.48图　狭小的抽拉式食品储藏架用于放置随手取放食品。这种布置方式可以避免食品掉到后面或被遗忘。

下图　岛台提供额外的储物空间，可用于收纳烹饪类图书和酒瓶。

## 食品储存

厨房布局面临的挑战之一就是如何确保不同种类的食品都能拥有最佳的保存条件。

○日常使用的调味品放置在备餐区附近，便于取用。

○香料要避光避热。可以选用狭小的置物架（适合香料罐的高度）存放，一目了然。

○散装干粮（大米、面、豆类等）可以放入密封储存罐，并贴上标签，防止溢出和变质。

○冷藏并不是储存新鲜食品的唯一方式。可以选用食品柜，用于存放那些需要保持凉爽但温度不宜过低的食品，以免味道受损。

○抽拉式柳条筐和铁架可以用来保存根茎类蔬菜，满足透气的要求。

○冰箱不要装得过满，以免影响效率。

○大冰柜或者独立式冰柜仅适用于需要长期存放的大量食材，否则冰箱冷冻室足够存放。

○酒的储存是一门艺术。经常饮用的酒最好放在凉爽、避光、干燥的地方。

## *KILNER*

# 储存罐

在冷藏进入普通家庭生活之前，人们通常通过腌渍以及其他防腐的方式来处理食物，满足冬季的需求。如今，这些方式已经逐渐地退出日常生活的舞台，但仍有爱好者用这种方式来处理剩余的水果和蔬菜。

Kilner储存罐的历史悠久，可追溯到1842年，是在厨房中使用的经典储存用具。其原始创意来自英国人约翰·基尔纳（John Kilner），随后由约克郡的生产商批量制造。最初的储存罐采用玻璃塞和密封胶圈，最新的版本采用橡胶包裹的金属螺栓盖。

Kilner储存罐有许多相似款，如1858年美国设计的梅森罐（Mason）以及拥有70多年使用历史的法国Le Parfait罐。这些罐子除了有常规的储存功能，还可保存需要密封的食品。

下图　自给式储藏室，可以自然冷却和通风，用于存放不同类型的食品或大量的食物。

p.53图　自带照明的食品柜，在柜门后安装的窄架子用于存放酒、面包等。这里空间充裕，还可以放置咖啡壶和食物料理机。

## 储藏室

冰箱基本上能满足现代家庭储存食品的需求，而且其规格越来越大，在厨房中占据主要地位。即便如此，传统的储藏室仍具备一定的优势，为存放果蔬、奶酪、火腿、香肠及蜜饯等食品提供更佳的保存条件，能够更好地保留营养价值和味道。

过去，储藏室通常布置在屋内背光一侧，且至少拥有两面（最好三面）通风良好的墙壁。同时，还可以通过使用石材或瓷砖地面和石材隔板来进一步增强自然冷却功能。当然，如果没有足够的空间用作储藏室，那么可以选择在厨房中放置食品柜。在通常情况下，食品柜是独立式或内置式结构，设置有不同高度和深度的隔板、拉篮和置物架。要远离火炉和其他热源，最好靠近通风良好的墙壁放置，以弥补缺失的自然冷却功能。

Self-Raising White Flour
Schweppes
Ribena
Gem

**下图** 开放式置物架用于存放日常使用的瓷器，磁力条方便搁置刀具。巧妙的设计让所有用具都找到合适的空间。

**p.55图** 选择厨房设备以简单为理念，如优质的刀具和木匙等基本物件。记住并非所有工具都是必备的。

## 基础设备

无须花大价钱去购买专业的设备，也不要指望用它做出更好的食物。通常，设备安装和清洁花费的时间和精力远远超过其带来的实际价值，尤其那些在使用时需要仔细阅读说明书的设备，实在没有必要。更重要的是，它会占据大量的空间。那些所谓的专业物件，从面包机到柚子削皮刀，确实很诱人，但如果不经常用到，尽量不要购买。

当然品质是必须要考虑的因素。优质的厨具（锅碗瓢盆）以及耐用的日常用具（汤匙、搅拌碗、过滤器、开瓶器）非常值得拥有。因为这些物件如果维护保养得当，基本可以用一辈子。

在选择大型设备时，可以使用相同的方法，要格外注重品质。色彩怪异的复古冰箱可能会让人眼前一亮，但一定要确保其具备可靠的性能，这关系到以后的日常生活。

p.56图　厨房陈列法则之一：摆放在明处的物件，无论是玻璃器皿、陶瓷餐具还是锅具，都是需要经常使用的。这个厨房采用开放式置物架和隐蔽式结构相结合的方式，在实用性和高效性之间构建平衡。

下图　通过简单的方式在这个厨房中构造色彩和纹理的强烈对比：两个柠檬、活力十足的玻璃杯、独特造型的案板以及简约质朴的陶瓷器皿。所有这些物件都来自M&S家居用品系列。

## 厨房陈列

厨房内往往充斥着繁杂的家务，但这丝毫不妨碍营造热情愉悦的氛围。这里并不排斥装饰性元素，但建议将与日常活动相关的物件摆放在明处。插在花瓶里的植物或带有有趣包装的食品都可以用作装饰。

在厨房中，除了挂画、海报以及艺术品这些在其他空间中备受欢迎的装饰之外，要确保陈列在外的物件一定是经常用到的。即便通风良好的厨房，也无法避免油渍或灰尘。举个例子，可以将彩色的碗碟和搪瓷炊具摆放在开放式置物架上，这能够大大地增添视觉趣味。但如果只为了美观去放置那些使用频率很低的物件，则完全没有必要。因为在每次使用之前，要进行大量清理工作，有点儿得不偿失。

在厨房中，最吸引人的便是整套用具的陈列——将其悬挂在金属杆或金属架上，包括整套汤匙、打蛋器、漏勺、抛光铜锅具，看上去令人身心愉悦。

Kingfisher
sea salt
12:27
°C
200
150

*MOKA*

# 浓缩咖啡壶

Moka浓缩咖啡壶闻名全世界，是值得咖啡爱好者世代相传的产品。最初路易吉·德·庞特申请了设计专利，并于1933年意大利Bialetti公司制造生产。它开启了在家制作浓缩咖啡的模式，既经济实惠，又非常便利。起初只在当地市场上销售，如今大约90%的意大利家庭每家至少拥有一个。

八边形壶身由铝制作，安装有胶木把手，通过蒸汽压力煮熟咖啡。壶身底部盛水，在中间过滤部分放入研磨好的咖啡豆，煮熟的咖啡从壶嘴流出。咖啡壶有多种规格。

通过大量广告宣传，Moka浓缩咖啡壶受到更广泛的关注。其中，最成功的促销元素即艺术家保罗·坎帕尼（Paul Campani）在1953年为其设计的卡通形象“一个留小胡子的人”。这个形象被应用在壶身侧面，旨在与市场上的同类产品相区别。

PLAIN

本真

SIMPLE

简单

USEFUL

实用

# 就餐区

p.62图　厨房旁边的就餐区，维纳尔·潘顿（Verner Panton）于1969年设计的VP球形吊灯成了彩色的焦点。郁金香桌椅出自设计师埃罗·沙里宁（Eero Saarinen）之手。

# 就餐区

如今在许多家庭中，就餐已经脱离固定场所和时间的概念——如早餐在厨房的吧台上解决，周日中午同家人、朋友的聚餐可以持续整个下午。总之，就餐变得不再形式化。这导致独立的餐厅在家庭住所中逐渐消失，取而代之的是需求更广泛的多功能空间。

其实家人、朋友定期一起就餐是建立纽带与促进交流的一种方式，有着非常重要的作用。这与所有人拿着餐盘在电视机前吃饭完全不同，因此即便空间有限，也需要打造一个温馨的就餐区。大家需要理解的一点是，心理需求和身体需求同样重要。

如果确实没有足够的空间，那么可以通过灵活的布局来解决，如选用可伸缩的桌子和能折叠的椅子，是很实用的方式。

p.64图　如果把餐桌放在中央位置，那么就需要足够的空间。当然，可以选择直线式布局——将厨房沿墙壁一侧布置（p.26图）。

右上图　木质贴面岛台构成厨房的工作区，同时为就餐区营造温馨的背景。叉骨椅（Y-椅）出自丹麦巨匠汉斯·韦格纳（Hans Wegner）之手。

右下图　烹饪和就餐是天然的拍档。这个厨房采用走廊式布局——内嵌式设备全部隐藏起来，餐桌距炉灶几步之遥。表面全部采用可丽耐材质，手感舒适且实用。高脚凳是从跳蚤市场淘来的，樱桃木餐桌则由安德斯·黑格（Anders Heger）打造。

## 厨房/就餐区

在烹饪和备餐的空间内就餐是一件非常有意义的事——刚出锅的食物看起来那么诱人。同时，厨房作为家庭生活的中心，在这里就餐理所当然。

需要指明的是，烹饪和就餐两种活动虽然关系密切，但需要实施某种程度的分隔。对于很多人来说，在烹饪和备餐的时候是不想被打扰的。即便手艺精湛的大厨，在受到干扰时也很难集中精力。而且，厨房内乱哄哄的背景并非能够提供舒适愉悦的就餐环境。

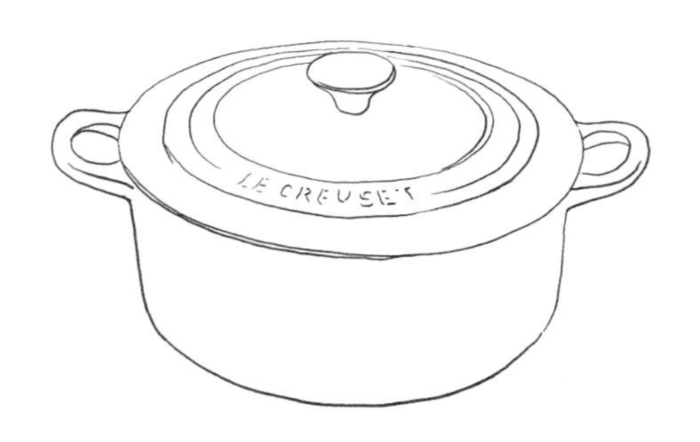


# *LE CREUSET*

# 厨具

Le Creuset厨具在坚固性和外观上可以说是首屈一指。其最经典的Volcanic系列诞生于1925年，采用珐琅铸铁材质打造，手柄和锅盖旋钮全部采用铸铁或黑色酚醛树脂制作，厚重耐用，造型时尚，适用炖煮等烹饪方式。

Le Creuset品牌由铸铁锻造专家阿尔芒·德萨热（Armand Desaegher）和施釉专家奥克塔夫·欧贝克（Octave Aubecq）共同创立。公司总部位于法国皮卡第大区（这里以生产各种铸铁产品而著称），其Volcanic系列彰显高超的珐琅工艺——标志性的橙色是对其完美的诠释。如今，Le Creuset厨具实现了形状、规格和色彩的多样化。

p.68～69图　就餐区与户外紧密相连，温和的自然光线赋予空间温馨的气息。

p.70图　埃罗·沙里宁设计的郁金香餐桌，被誉为现代设计的标志之一。大家围坐在一起就餐，瞬间为厨房/就餐区增添活力。

## 布局

在厨房/就餐区内，将不同活动（烹饪和就餐）分隔的最佳方法即通过布局，不仅可以根据空间自身特点自然而然地形成分区，也可以通过家具摆放而分隔，还可以通过对不同设备结构的安装和规划方式实现。

○除非厨房格外宽敞，否则一定避免将餐桌摆放在中央位置。以免破坏备餐区和烹饪区之间的动线。

○确保就餐区和厨房整体风格保持一致。

○大而结实的餐桌是厨房的理想选择，尤其对于有孩子的家庭来说，在两餐之间，这里可供做作业或者制作创意小手工等。

○可以采用可折叠式或抽拉式的结构，用于扩大就餐区或备餐区。

○采用岛台或柜台将就餐区和工作区隔开，让大厨能够拥有专属的私人领域。

○在厨房中，有效的通风是非常必要的。当然，如果还选择在这里就餐的话，那就更加重要了。

○如果空间实在不足，可以考虑将厨房向花园（露台）扩展。最好使用玻璃材质并使厨房能够直接通向花园（露台），营造舒适的就餐氛围。

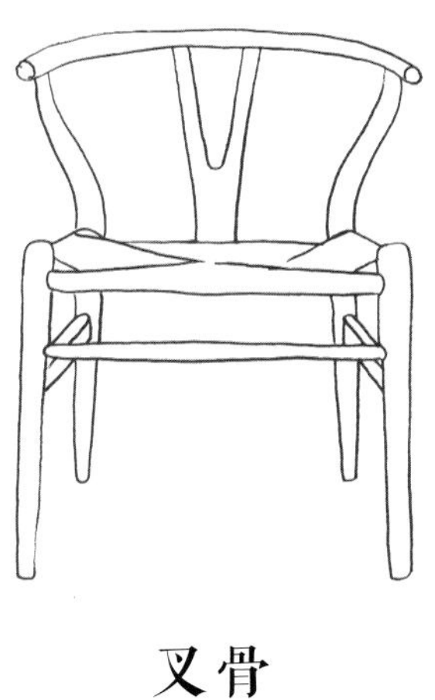

# 叉骨
# 椅

丹麦设计师汉斯·韦格纳（1914—2007年）是中世纪斯堪的纳维亚现代风格的开拓者之一。他设计的圆形座椅曾出现在1960年肯尼迪和尼克松的电视辩论中，当时被美国知名期刊《室内杂志》誉为“世界上最漂亮的椅子”。至此，丹麦设计师的作品开始吸引全世界的目光。

其标志性的作品当属叉骨椅，完美地诠释了独特的设计理念：擅长运用形式，忠实于结构，凭本能处理材质。他曾师从木匠，因此从未放弃使用木材。他是一名多产的设计师，制作了500多把椅子，不断地探索简约纯真的设计概念。

和圆形座椅一样，叉骨椅非常适合用作餐椅。半圆形的上横档与伸展的支架形式简洁大方，与后腿的曲线交相呼应。最初版本的椅子采用柚木制成，现在使用多种木材生产制造，如枫木、白蜡木、山毛榉木、橡木、樱桃木和胡桃木。椅座由纸绳编织而成，框架由实木打造。

**下图** 简单的就餐区构成开放式起居区的一部分，低矮的橱柜用作餐边柜，复古钢管椅子源自20世纪30年代，由英国公司PEL生产制造。

**p.75图** 水平高度的变化是划分活动区域的最佳方式，不会破坏整体空间的流畅性。

## 起居区/就餐区

另一种组合方式即起居区/就餐区，虽不如厨房/就餐区看起来那么自然，但依然能够营造出温馨的氛围。烹饪区设置在别处，因此无须与其进行分隔。同时，在举办娱乐活动时，更容易营造隆重感。

在大多数家庭中，厨房距离起居区/就餐区都比较近。即便如此，最好最大程度确保两者之间的路线直接，方便取送食物和清洁。

与厨房/就餐区相似的是，可以通过布局来区分不同的活动区域。最常见的方法是，将就餐区设置在空间的一侧，或者L形空间的底脚。凸窗可以营造私密感，因此能够作为一种选择来分隔就餐区和休闲区。当然，可以考虑使用家具，通过不同的排列方式来实现分隔。独立隔板或者沙发都能够表现出空间的转换。

p.76图　拥有独立就餐区在当今家庭中似乎是很奢侈的。当然，简约的装饰可以让其实现功能的转换——在三餐之外的时间行使其他功能。

下图　Berger椅（椅背和椅座由编织结构打造）与Cairns长凳和餐桌（用橡木制作）是我为美国零售商JCPenney独家设计的。这一定制系列产品以简约的现代风格和典雅的英式魅力为特色。

p.78～79图　汤姆·迪克森（Tom Dixon）玻璃吊灯（内里镀铜）悬垂在两张拼接的餐桌上方，格外引人注目。在这里放置多种类型的椅子，包括彼得·奥普斯维克（Peter Opsvik，挪威国宝级设计师）于1972年设计的Tripp Trapp儿童座椅、经典的伊姆斯DSR座椅（1960年）以及阿诺·雅克布（Arne Jacobsen）Series 7系列座椅（1955年，型号3107）。

## 独立就餐区

如今，打造专门用于就餐的房间似乎并不常见。其一，很少家庭能够拥有足够的空间；其二，这与现代生活方式不符。在老房子改造中，通常会将就餐区和相邻区域打通，进而打造独立就餐区。

独立就餐区并不是必须存在的，但如果其在用餐之外可以行使其他功能，如书房或图书室，那么称得上是成功的设计。如此一来，可以增添空间的动态感。换句话说，如果特别希望打造一个独立就餐区，除了就餐，要实现物尽其用。

合适的装修装饰可以消除刻板的形式感——摒弃厚重的窗帘和地毯（这些物件很容易吸味），打造简洁的风格。简约的现代风格家具，如玻璃面桌子、曲木凳子、皮质椅子等，都是极佳的选择。

**下图** 柴火炉成了就餐区内的焦点，不仅能够供人取暖，还能让人得到心灵慰藉。

**p.81图** 摆在架子上的黑白照片和画框格外引人注目。

## 营造视觉焦点

在就餐时，餐桌和上面的食物无疑成了焦点。餐桌，无论是什么形状，圆的、方的、长的、椭圆的，都要确保在周围预留足够的空间，让就餐的人能够自由舒适地活动。

当然，可以通过光线来增添就餐区的舒适感和愉悦感。例如，将餐桌靠近窗边放置，通过自然光线和良好的视野来提升空间的开阔感。或者使用吊灯减少眩光，营造温馨的氛围，从而拉近用餐者之间的距离。抑或选择引人注目的现代风格水晶灯，借以提升空间魅力，增强形式感。

在多用途空间中，更换地面材质可以实现空间功能的转换。举个例子，在厨房/就餐区中，厨房的地面铺设瓷砖，而在就餐区内可以使用同色调的硬木地板。当然，可以尝试通过地面高度的变化来实现空间功能划分。更简便的方法是，在餐桌下面铺设平纹地毯。

DADA DAD
DADA
DADA
Banksy

**p.82图** 丹麦设计大师保尔·汉宁森(Poul Henningsen)的72片PH吊灯，造型简洁优雅，极具形式美感，从任何角度均看不到光源，以免眩光刺激眼睛。阿诺·雅克布Series 7系列座椅(1955年，型号3107)特色十足。

**下图** 悬挂在餐桌上方的吊灯应避免遮挡两侧食客的视线，不能太低，以免碰头。图中的两个磨砂灯泡，简约而个性十足。经典的伊姆斯DSR座椅与阿诺·雅克布蚁椅(1952年)完美搭配在一起。

**p.84图** 餐桌四周环绕着彩色伊姆斯DSR座椅，上方悬挂着雅克布玻璃吊灯。靠墙摆放的大叉子增添别样的趣味。

**p.85图** 就餐区布置在直线式布局厨房的另一侧，绿色的工业风格吊灯、乡村风格木桌和金属咖啡椅共同打造出简约清新的法式乡村风情，传递出永恒而持久的特性。

## 照明

除了盘子中的食物，没有什么比良好的光线更能提高就餐体验了吧。快餐店往往过于明亮，但这样做是为了提高翻台率。当然，没有人愿意在黑暗阴沉的环境下就餐。需要记住的一点是，就餐区对光强度的要求远远低于烹饪区。

○ 如果在餐桌上方安装吊灯，一定要确保适当的高度——太低会阻挡视线或碰头，太高会产生眩光，过于刺眼。
○ 壁灯是提供背景照明的良好光源，而且能够避免拖拽电线带来的危险。
○ 可调节聚光灯和筒灯非常实用，可以将光线打到墙壁上，避免直射。
○ 调光器是必备的，尤其在将就餐区设置在厨房的情况下。
○ 现代风格的烛台让很多人心动——烛光闪烁，营造出温馨亲切的氛围。

p.86图　这是我伦敦家中位于一层的开放式厨房/就餐区——质朴的黑色木材长桌和我最爱的索耐特(Thonet)曲木椅完美结合。色彩艳丽的支撑梁柱在视觉上增添空间的纵深感。

下图　共同进餐无疑成为家庭活动的核心。而最重要的一点是，盘里的食物，而非盘子本身，才是焦点。

## 餐桌布置

在现今的家庭中，餐桌远不及我祖父母那个时候装扮得整齐——那个年代餐具种类繁多，在一处位置上摆放着各种叉子、刀具和汤匙。虽然我非常不愿意再回到那个充满烦琐细节的时代，但是餐桌布置仍有许多需要注意的方面。精心挑选的手感良好的餐具，坚固的玻璃杯，精致的高脚杯在不喧宾夺主的前提下，依然能够展现出高级感。

建议使用烘烤和上菜两用的餐具，确保简洁的生活方式。但是，这并不意味着不注重细节。设计精良的砂锅、平盘、汤碗和色拉碗可以大大提升餐桌的品质，同时增添丰富的色彩。相反，图案过于繁复的碗碟会掩盖食物的美感，让人食欲下降。

在一些特殊情况下，白色桌布会是最佳选择，其散发的精致典雅气息无可比拟。我坚信餐桌上的色彩应该来自盘中的食物，而白色桌布恰好能为食物打造完美的背景。

## *DURALEX*

# 玻璃杯

Duralex餐具公司位于法国中北部拉沙佩勒-圣梅曼市，已成立80多年，一直致力于制作坚固的玻璃制品，是法国一家玻璃餐具生产商。其使用的专有钢化工艺诞生于1939年，其钢化玻璃的强度是普通玻璃的2.5倍。

Duralex餐具公司众所周知的产品是Picardie和Provence系列玻璃杯，耐热防碎，质朴实用。正因为拥有这些特性，所以广泛应用在餐厅、小酒馆和学校中。当然，在家庭生活中也应用颇广，规格多样，可用于盛放冷、热饮，可置于微波炉、冰箱中，可在洗碗机中清洗。值得一提的是，可以叠放在一起，非常节省空间。更重要的一点，独特的轮廓赋予舒适的手感，而简约的造型适合各种场合，用来喝水、喝果汁、喝啤酒以及喝咖啡，通通都没有违和感。

handel guayasamin
COLOMBIA
Early Georgian Interiors
WOOD
BARNS
Japan

p.90图　在起居区/就餐区中，设计大师迪特·拉姆斯（Dieter Rams）的606通用置物架（1960年）完美实现储藏陈列一体化的功能。

下图　陶瓷罐和杯子放置在带有网眼结构柜门的橱柜内，艳丽的色彩格外夺目。

## 储物家具

多年来，就餐区的储物家具发生很大变化。如今，现代风格低矮的金属或木质橱柜取代烦琐的餐边柜，而原来常见的梳妆台式橱柜已经换成轻巧的多功能高脚柜，且装饰简洁。这些家具非常适合起居区/就餐区，既节约空间，又能起到陈列作用。

如果就餐区设置在厨房内，那么储物柜最好采用内嵌式——将陶瓷器皿、玻璃餐具同锅具、基本食品分类摆放。在餐桌上使用的物品，如盘子、杯子等餐具最好放在同一位置，确保便于清洗和取放。建议使用玻璃门储物家具，会让所有的物品一目了然。

本真、简单、实用的方式在这里主要体现为——没有必要准备两套餐具（一套用于日常使用，一套用于重要场合使用），只需选择一套品质上乘的即可。这样可以节约更多的空间来储存其他物品。

○陶瓷器皿和玻璃餐具适合开放式陈列，会格外引人注目。注意这种陈列方式最好用于摆放定期或经常使用的物品。

○餐具需存放在分格或定制的抽屉中。银器餐具最好放置在天鹅绒袋子或带有衬毡的容器内，避免刮擦和褪色。

○盘子和碗建议以小包装存放，在每个包装内最好不要超过8个，根据形状、大小、图案和颜色进行分类。玻璃杯要直立存放，按大小排列。杯子应成套存放，不要通过把手悬挂起来。

○如果厨房内空间不够，可以将不常使用的上菜盘等存放在相对较远的区域，就像只有在特殊场合才使用的桌布一样。

○定期进行检查，碎掉或破裂的盘子或杯子要及时扔掉，以保持储物空间的整洁。

Grand Marnier
THE FAMOUS GROUSE
THE GLENROTHES
1995
SUPERCASSIS
Crème de Cassis
Waitrose
VODKA
PURE
and Smooth
CAMPARI
S.PELLEGRINO
SANPELLEGRINO
Schweppes

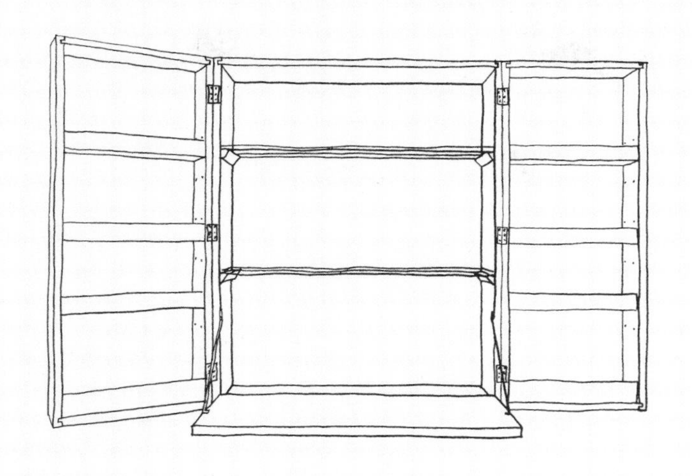

# 饮品柜

我一直坚信本真、简单、实用的生活方式的关键点在于良好的组织方法，包括明确自己所拥有的物品以及设置足够的空间将其进行有效存放。注意，这里提到的重点词是“空间”。对于任何储物设施而言，其内部不同的布置方式会带来与众不同的效果，要充分考虑需要存放的物品的规格和形状以及其他实用性。

为了说明这一点，我在本书中展示了专门设计的3款简易橱柜。它们源自同一主题，都属壁挂式并带有铰链门，由木制品公司Benchmark生产。

在这款饮品柜的铰链门内侧安装了狭窄的架子，用于存放玻璃餐具、小瓶子和搅拌器皿。柜子主体包括两块玻璃隔板，其跨度和进深足够，可盛放烈酒和利口酒，且便于清洁。向下展开的面板便于操作，可供调酒，制作一杯血腥玛丽或干马天尼。另外，可以增加一枚小螺栓或一把锁，以确保物品安全。

PLAIN

本真

SIMPLE

简单

USEFUL

实用

# 起居区

**p.96图** 这是我伦敦家中的起居区——壁炉旁的灰色组合式座椅与彩色小靠垫打造了一个放松休闲的区域。

**p.98～99图** 起居区轻松地将休闲与就餐两种功能结合在一起。这主要归功于简约的家具与装饰，白色软垫沙发、扶手椅以及普通木质餐桌椅都没有构成视觉焦点，而地毯、坐垫和茶几上摆放的碗格外引人注目。装饰画和艺术品（朱利安·梅雷迪思制作的木雕以及在一整面架子上摆放的犁铧）与整体的简约风格相得益彰。

# 起居区

休闲有多种形式。例如，有些人喜欢安静地读一本好书，有些人则愿意听听嘈杂的音乐。对于精力充沛的孩子们来说，充满活力的游戏是放松休闲的最佳方式。

如果休闲的形式难以固定，那么随之而来的问题就是无法赋予起居区单一的功能。在过去，前厅通常作为公共空间，用于彰显主人的身份及招待客人。然而比较讽刺的是，对于大多数家庭来说，这一区域的使用频率非常低。如今，除非独居，否则起居区一定是多用途的。这意味着要打造满足不同活动需求的空间，同时确保空间之间的“平等”关系。

起居区一定要满足大家对舒适感的需求，例如让身体得到放松的家具、椅子和沙发，让眼睛舒服的照明光线，愉悦视觉的装饰物件等。

p.100图　舒适感关乎个人品位——伊姆斯RAR摇椅（1950年）和密斯·凡·德·罗的巴塞罗那椅（1929年）同Eilersen模块沙发一起构成座区，小巧的伊姆斯餐桌增添灵活性。AJ落地灯出自北欧现代主义之父阿诺·雅克布之手。

下图　柚木框架座椅和沙发营造出了20世纪中期的现代风格。

## 座区舒适度

从很大程度上来说，座区的舒适度决定起居区的休闲程度。然而，这里并没有通用的法则，每个人的情况都不尽相同，当然也与身体的喜好有关。有些人喜欢陷入柔软的沙发，有些人则享受相对坚硬的座椅。

### 沙发

诸如沙发之类的大件家具一般都价格不菲，它们通常占据大部分空间。在购买之前，要花足够的时间进行市场研究。总之，在没有亲自试坐之前不要轻易做决定。靠背角度、座椅深度和扶手高度是选择沙发时要考虑的三大要素。

在购买沙发时，建议选择自己经济能力范围之内质量最佳的。当然，弹力好、结构佳、做工精良的沙发在价格上往往会高一些。但是，相对使用的年限会较长。同时，尽量选择造型简约经典的款式，避免很快过时。单色靠垫值得推荐，白色、灰白色或蓝色能够在视觉上削减沙发的庞大体积感。通常，大家也会选择更换沙发罩等实用的方式来改变外观并保持清洁。

### 模块化组合式座椅

模块化组合式座椅因其中世纪现代风格而引人注目，可根据起居区的大小和形状而自由组合搭配。同时，还可以随时添加。不同的组合方式包括长椅区、靠背座区和扶手座区，例如现代贵妃椅。多数模块化组合座椅都与地面齐平，而那些高脚座椅则更能在视觉上扩大空间面积（地面裸露在外）。

### 椅子

毋庸置疑，每把椅子都有自己的特点，而大家的喜好各有不同。我最喜欢的就是这把名为卡路赛利（Karuselli，见p.102图）的椅子，其拥有标志性的设计风格，是我坐过的最舒服的椅子。

三件式家具（通常是一个沙发、两把椅子的组合）往往会营造出令人昏昏欲睡的效果，不同样式的座椅组合会带来舒适的氛围。基本主题的细微变化会增添活力和个性，如从软垫扶手椅到经典俱乐部椅，或从摇椅到直背座椅。用于娱乐的休闲座区如果没有足够的座位可供使用，可以选择可叠放的木凳、折叠椅、地垫和软垫长椅。

# 卡路塞利
# 椅

我一直都在关注出自约里奥·库卡波罗（Yrjö Kukkapuro，1933年出生，芬兰设计大师）之手的标志性座椅，这是我感觉最舒适的座椅。卡路赛利椅在造型上切合人体曲线，设计灵感源于他与女儿玩耍时制作的雪地椅。原型由细铁丝线缠绕的钢椅架和石膏浸润的帆布椅面构成。整个设计过程持续一年之久，而当其于1966年登上*Domus*杂志封面时，即刻引起全世界的轰动。

久坐任何一把椅子都会让人感觉到不舒服。考虑到使用者舒适性感受卡路赛利椅既可以旋转又可以摆动，提升舒适度。椅子座壳和底座采用玻璃钢打造，内饰为白色、黑色或棕褐色皮革。镀铬钢弹簧和橡胶减震器将座椅与底座连接。总体说来，这款椅子实现了功能性、人体工程学和有机性的完美结合。

my mykonos

p.104～105图　起居区的色彩搭配往往始于地毯，平纹基里姆地毯（Kilim）与沙发上粉色、红色和橘色的靠垫相得益彰。

p.106图　软装饰营造出舒适休闲的氛围——白色纱帘起到扩散光线的作用，白色百褶纸质吊灯别具特色（由乔治·尼尔森设计）。

**下图**　透过起居区一侧的玻璃墙照射进来的光线洒在白色墙面和浅色地板上，简约的织物百叶窗可避免眩光刺眼。

## 照明

### 自然光线

让空间布满自然光线是设计的要务——光线处理恰当的空间会看起来更加宽敞与温馨。南向房间（南半球的北向房间）在很大程度上受益于日间充足温暖的光线，而在窗户对面悬挂一面大镜子则会让整个空间沐浴在阳光下。

布艺织物窗帘如薄纱帘、简约的布帘和透明百叶，与坚硬的窗帘或百叶相比，会更使人感觉放松，同样会起到减少夜间热量散发的作用。最好摒弃繁复的细节和装饰，打造质朴真实的效果。

The NINE NATIONS of NORTH AMERICA
JOHN GRISHAM
THE RUNAWAY JURY
DELILLO
UNDERWORLD
WATER
ILLUSTRATED GUIDE TO BRITAIN
IAIN BANKS
COMPLICITY
NEW ZEALAND
focus on
TREES

p.108图 玫瑰色的落地灯提供柔和的光源，成了空间的视觉标志。在旁边一侧摆放着伊姆斯休闲椅和脚凳。这款椅子的原型是送给电影导演比利·怀尔德的礼物，后于1956年投入生产。

## 人造光源

起居区的照明需要仔细规划——良好的照明可以起到锦上添花的作用，反之则会破坏整体氛围。慎重选用中央光源，从头顶照射下来的明亮光线往往营造出平淡而又消沉的感觉，而其投射在角落处的阴影会在视觉上缩小空间。推荐使用4～5个独立光源，分别以不同的角度倾斜，打造出光影交错的效果。同时，光线从大面积的墙壁和顶棚上反射回来，会在视觉上增强空间感。

○成功的照明方案依赖良好的基础设施。确保设置足够的电源插座，避免在使用时超过负荷。

○中央光源在起居区内比较流行，但不应完全依赖这种方式。可以在调光器上安装小吊灯，或者选择拥有多个独立光源的枝形吊灯或类似配件。

○台灯和落地灯放置在房间的四周，可以起到吸引目光的作用。不同的高度和位置为空间增添活力。

○在厨房、浴室和走廊等固定布局的空间内安装嵌入式筒灯会起到良好的效果，而在起居区内不太适合（家具的位置可能需要改变）。

○壁面和顶棚照射可以增强空间感，使用落地式上射灯或定向照明设备（聚光灯或壁灯）可以突出建筑的质感和细节。

○使用聚光灯、闪光灯或隐藏式条带灯凸显空间内的装饰和陈设。

○牢记一点，电视本身就是光源。为避免视觉疲劳和眩光，确保电视与其他区域之间的亮度对比不能过大。

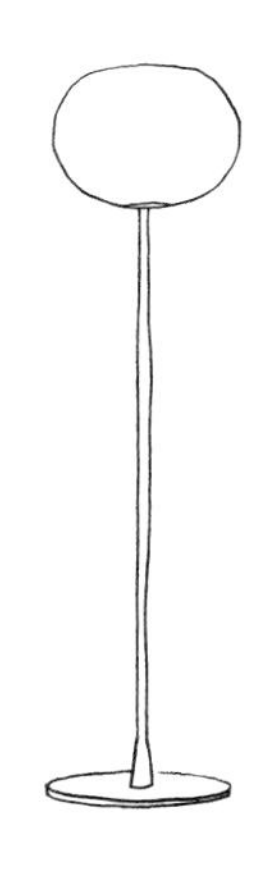

# 球形灯

传统落地灯是起居区照明的主要光源，通常以织物或羊皮纸灯罩为特色，造型随意。这一照明设备在20世纪后期经设计师重新设计与诠释而再次获得青睐。落地灯尽管会占据一定的空间，但可以调整光源高度，让空间更加生动活泼。

球形灯（GLo-Ball，1999年）出自英国知名设计师贾斯珀·莫里森（Jasper Morrison，1959年出生）之手，是落地灯的经典款式，外形流畅简约。如今品种扩充到吊灯、台灯和壁灯领域。手工吹制的玻璃灯罩、酸蚀玻璃散光器以及白色粉末冶金不锈钢灯头和灯杆赋予其童趣般的外观，在一定程度上缓和了浓烈的设计感。

下图　茶几不要过于引人注目。图中的两张矮桌由回收木板打造，与平行摆放的沙发相得益彰。

p.113图　艾琳·格雷（Eileen Gray，20世纪法国先驱设计师）于20世纪20年代为自己的住宅（法国南部罗克布吕讷-卡普马丹镇的海滨房屋E1027）设计了这款蓝色航海风地毯。大胆抽象的设计风格增添了空间趣味，与一侧的伊姆斯RAR摇椅完美结合。

## 空间焦点

大多数起居区都是未经装饰的空间，这就意味着家具的摆放方式决定整体空间的布局。那么如何使布局更具凝聚力（将不同区域融合在一起），则需要提供一个视觉焦点。

在大多数家庭中，电视成了默认的焦点。电视在供大家观看时，无疑可作为焦点，然而，当电视关闭时，裸露的大片空白就会让空间失去活力（就像是关闭时的电影院）。更需要注意的一点是，如今，电视屏幕变得越来越平薄，很容易隐藏在内置橱柜内或镶板后，因此没有必要来占据空间。另外一种做法是，电视可以放在可移动的支架上，在需要观看时可以移过来，反之则可以放到一边。

**地毯**

焦点不必非得在水平视线范围之内。地毯可以说是将不同区域连接的最佳物件，可以在视觉上将沙发和座椅联系在一起。如果其他区域的装饰以淡雅朴素的风格为主，那么可以在地毯的颜色、图案和纹理上多下功夫，散发出温馨舒适的气息。

**茶几**

中央矮桌（茶几）可以作为焦点，但要格外注意尺寸，太大起不到聚焦的作用，太小则很容易被忽视。

尽量避免过度设计。玻璃饰面茶几可以起到自我修饰作用。实木长矮凳凸显整体性，营造视觉愉悦感。小桌凳的组合是一种比较通用的布局方式。

**壁炉**

在老房子中，尽管我们不再依赖壁炉提供热量与光线，但其依然作为焦点而存在。在点燃时，壁炉明火散发出来的气味和发出的声音会带来全方位的感官体验，让人倍感愉悦。

如今，燃料炉取代壁炉。壁炉精致的造型完美融入现代风格的空间，亮丽的色彩是不错的选择。壁炉产生的热量大多通过烟囱流失，而燃料炉非常高效，可以起到取暖的作用。

**p.114图** 由于图片的平面化属性，很难看出燃料炉的布局以及墙壁内木材燃料的储存方式。

**下图** 随意散落的垫子和沙发巾使得看似平淡无奇的沙发更加舒适而有趣。造型怪异的手工雕刻矮凳和简约的实木茶几相得益彰。

**p.116～117图** 起居区一侧的壁龛集存储性和装饰性于一身，用于存放参考书，工整有序并带来视觉愉悦感。

MIRANDO AL MUNDO
INSPIRATION
HIGH SOCIETY
BE DAZZLED!
Apple Design
A Visual Inventory John Pawson
POSTCARD
DOISNEAU
LOUIS VUITTON: 100 LEGENDARY TRUNKS
LETTERPRESS
LONDON

p.118图　在墙壁置物架上摆放着打印图片，用作装饰。可以随时更换图片或排列方式，保持新鲜感。

右图　壁炉台面刚好与视线高度齐平，是摆放装饰品的最佳位置——画中重复的色调和图案进一步强调了整体性。

## 视觉愉悦感

视觉愉悦感在营造温馨放松的起居区氛围中起着尤为重要的作用。注意把握规模和比例，一幅巨大的镶框图画或者一面大镜子很容易引起关注。当然，将不同的物件进行分组陈列也会吸引视线。从某种程度上来讲，愉悦感类似于一种使精神得以放松的感觉，就像抬头看窗外美丽的景致一样。装饰品的相似颜色、造型和图案都可以达到吸引目光的效果。

除了装饰物件、画作和图片，还可以通过软装来营造视觉愉悦感。例如，毯子、盖巾、垫子和其他一些经济实惠且易于更换的物件。当然，强调色彩、注重纹理变化、巧妙使用图案等方式都能够带来很好的效果。偶尔变换一下细节或者随着季节而调整，都可以带来别样的气息，尤其是在其他装饰和家具风格都比较低调的情况下。

鲜花和绿叶能够营造出最引人注目但短暂的视觉愉悦感。当然，我并不是说需要像花店那样精心安排。应季的大束鲜花就可以，如果能够散发出香气，那就更完美了。

**收藏**

大家可以不是收藏家（喜欢收藏各种样式的物件），只要能够享受收藏和陈列所带来的简单乐趣即可。没有必要去寻找那些具有巨大投资潜力或内在价值的物品，只要感到满足并乐于与他人分享就足够了。

## 陈列法则及示例

整体陈列

不要将画作和装饰品零星随意地摆放。规划出一处位置，将其分组摆放，便于营造统一感和整体性。而且，这样看起来工整有序，进而能够发挥出最佳功能。

分类陈列

如果被赋予既定的主题，那么陈列的作用就会更大程度地体现出来。例如，可以根据陈列品的类别、颜色、图案、纹理、造型或材质进行分类陈列。

用变化来调剂生活

○

非正式藏品——摆放在架子上或桌子上的物件、陈列在壁炉台面上的图画和照片可以随时更换，借以营造新鲜感。

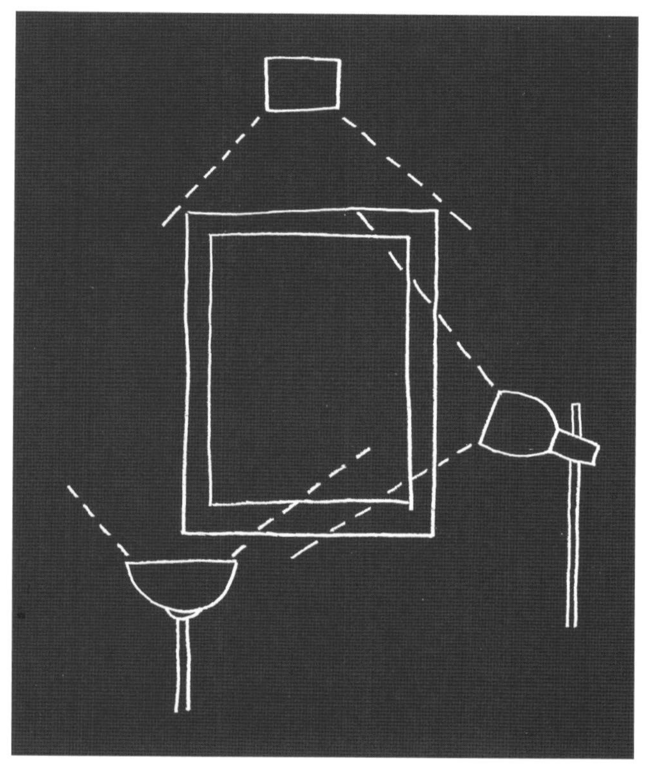

用心选择照明方式

○

通过定向聚光灯，采用向上照明、侧面照明或背光照明等方式来突出陈列效果。

**下图** 用于存放图书和其他物品的隔板式橱柜隐藏在落地平镶板后，不太引人注目。

**p.123图** 独立式储物家具被重新赋予了当代风格。Marlow Armoire衣橱由英国著名家具设计师罗塞尔·品奇设计，巧妙运用了传统的镶板。

## 收纳

家中的任何一个空间的混乱都会让人感到压力，起居区更是如此。这里应该是让人放松的空间，不应被凌乱的琐事困扰，或不应“一路披荆斩棘”只为找到遥控器。偶尔一些小小的混乱也许会带来生活的气息，但不忍直视的混乱则需要找到合适的处理方式。

在多功能起居区内（兼有家庭办公和就餐功能），良好的秩序感更加重要。仔细考虑一下放置在这里的物件是否可以转移到其他地方，如书房或者过道。而对于其他区域而言，最好的解决办法是充分利用墙面进行收纳或存储（墙壁隔板或内嵌式储物柜）。当然，可以把大部分物品放置在专门的房间内（如果空间足够），保持地面整洁，营造轻松舒适感。

**储物家具**

老式笨拙沉重且占用空间的橱柜与现代风格的储物家具相去甚远。低矮的橱柜采用涂漆金属板或光滑的胶合板打造，独立的模块化空间隔板和开放式置物架可用于收纳各种物品。与此同时，它们还可以有效地将不同区域分隔开来。

**收纳容器**

各种篮子、带盖的盒子以及箱子等可以用来收纳，但不应该用来盛放各种杂物或临时无处放置的物件（总想着等到下雨的时候再彻底整理）。这类容器通常用来将类似物件归类，然后一起存储在开放式置物架或者橱柜内。

ELLROY
Lester Bangs
CHRONIC CITY
DON DELILLO
VINELAND

p.124图 利用一整面墙壁来收纳大量物品，如书籍、杂志和唱片等，营造出整体感。阿科落地灯（Arco Floor Light，1962年）由阿切勒·卡斯蒂格利奥尼（Achille Castiglioni）设计制造。

## 置物架和内嵌式储物柜

毫无疑问，置物架是收纳图书、杂志、CD、DVD以及其他家庭娱乐物件实用的选择之一。如果加以精心设计，可以变得很时尚。

○悬空置物架——壁挂在隐藏式固定装置上的喷漆置物架坚固耐用，与空间融为一体。

○投入一整面墙壁安装置物架，这远比零散的排布方式更引人注目。遵循房间的基本布局，巧妙运用壁龛和其他内嵌式结构。

○使用置物架增强空间的水平特征——沿墙壁设计的低矮置物架增添现代感，而置物架可以作为座椅或用来陈列展示。

○将不太美观的物品隐藏在柜门后，减少对视觉的影响。落地平镶板可用来遮挡家庭办公用品、文件和耗材等。

## 娱乐物件收纳

虽然如今满足娱乐需求的物品与形式越来越简化，不那么引人注目，但如何处理以前观看电影或收听音乐的设备等却是棘手的事情。数字化解决了照片、影片、音乐和图书的存储问题，但却不能阻止大家对实体物件的偏爱，如珍贵的黑胶唱片和精美的精装图书。当然，如果钟爱不同的娱乐形式，那么很有可能将起居区打造成多媒体商店，反而丧失了休闲放松的功能。

○分类处理。不太可能再次观看或收听的内容需要及时处理掉，需要保留下来的应该是那些最新、最简约的版本。这样也许就可以将老旧的录像机淘汰了，或者至少可以通过数字化存储解决问题。

○进行数字备份。将占用空间的图片、胶卷和音乐文件存储在单独的硬盘上。

○布置好电源线，避免出现插座过载或电线凌乱的情况。

## 儿童玩乐区

如果有机会，孩子几乎可以在家中的任何空间玩耍，包括儿童房、厨房、楼梯、父母的卧室，等等，当然，还有起居区。团圆为家庭生活带来无尽的乐趣，但前提是必须要有合适的空间。

当然这并不是说在孩子长大之前在起居区内不设置儿童活动空间，最好是找到一种让生活更轻松的方式，例如划分出固定的区域用来整理和收纳孩子的玩具。需要指出的是，这个区域一定要临近他们平时活动的范围。没有人想每天晚上在地板上收拾出一堆乐高积木，并抱到儿童房。那么最佳的解决办法就是在起居区的橱柜或架子上放置专门的收纳篮。

同样，应确保起居区内的家具可拆卸且易清洗，防止到处留下指印等痕迹。地毯最好经过防污处理。

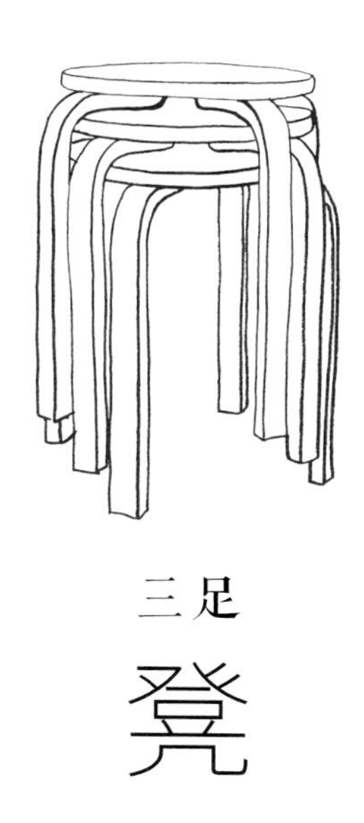

## 三足

# 凳

由芬兰的建筑师阿尔瓦·阿尔托（Alvar Aalto，1898—1976年）设计的三足凳造型简约、坚固且用途广泛，于1933年首次投入生产。阿尔托曾为自己设计的许多建筑物打造家具，这款凳子最初是为卫普里图书馆（现俄罗斯维堡图书馆）设计的。

这款凳子的关键元素为弯曲的L形凳腿，这是阿尔托与家具厂技术总监奥托·库霍宁（Otto Korhonen）通过反复试验得出的结果。生产过程并无多大差别——被砍伐的桦木沿着纹路走向被锯开，成为扇形。然后将薄木板切入凹槽中，利用热蒸汽使其弯曲90°。如此一来，凳腿可以直接与底部相接，无须任何支撑结构，便于生产。

今天，这款凳子的材质包含天然桦木和涂漆桦木，凳面颜色多样，但依然由阿泰克（Artek）公司生产（由阿尔托创立的公司），旨在传达“从人类视角诠释现代主义”的宗旨。这款凳子易于堆叠摆放，偶尔用作边桌，会起到良好的效果。

Etymology
FULL MOON
FRIDA KAHLO

PLAIN

本真

SIMPLE

简单

USEFUL

实用

# 工作区

Etymology
FRIDA KAHLO
FULL MOON
LOS CARPINTEROS

p.130图　工作区应实用且高效，当然风格设计上也不能拖后腿。我家这张橙色桌面的办公桌让人感到心情愉悦，同时与造型奇特的储物柜（由塑料夹固定的木质板条箱制作而成）完美搭配。

# 工作区

在家工作有多种形式，或是为了完成某个项目而加班，或是为了追求自己的理想而学习。然后，还有许多家务和杂务，如房间清洁，洗衣服和日常管理等。无论这些任务是有偿的，还是无偿的，是例行的，还是偶发的，都需要良好的组织和精心策划，以打造良好的家庭环境。

当然，风格起着重要的作用。办公区经过精心装饰和布置会让人心情愉悦，从而事半功倍。清新整洁的空间可以减少日常家务带来的烦恼，即便是非常迷你的工作区域。清洁用具壁橱或亚麻织品橱柜也会在经过仔细设计之后散发出应有的魅力，就好比像是老式五金硬件商店自带的那种实用性，令人欣慰。

**右图** 以计算机为主要工具的工作往往不需要占用太多空间，但有必要设置心理上的隔离区。如图中，在窗户前面布置了一处紧凑的工作区。

**p.133图** 卧室一定不是长时间集中工作的最佳场所，但可以在这里处理收发邮件等临时性工作。乔治·尼尔森设计的钢琴电脑桌可以称得上经典之作，具备实用性的同时又增添了时尚感。DSR座椅（1950年）由伊姆斯出品。

## 共享工作区

从理论上讲，笔记本电脑和无线网的普及意味着可以在家中的任何区域办公，或是在床上，或是在餐桌上，或是在沙发上。然而，就如同电脑的出现并未实现完全无纸化办公一样，便携式技术也并没有减少对固定工作区的需求。可以在任何地方收发邮件，但对于长时间集中工作而言，专用的工作区依然是必不可少的。

如果空间有限，唯一可行的方式就是在起居区或卧室内划出一部分空间，但同时要保证满足两种功能应具备的实用性和美感。通常情况下，需要设置一些嵌入式结构。紧凑的工作区可以布置在内嵌式墙壁结构处，不使用时通过平镶板遮蔽起来。抽拉式或折叠式台面意味着无须占据太多的地面空间，只要满足宽度需求即可。

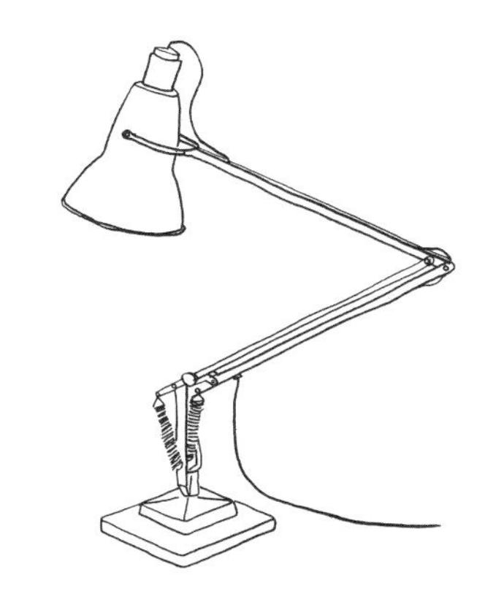

*ANGLEPOISE*

# 万向台灯

Anglepoise万向台灯（1932年）堪称经典，是有史以来的首个独立式可调节工作灯，也可以说是最好的。其设计灵感源自英国汽车工程师乔治·卡瓦丁（George Cawardine，1887—1947年），利用弹簧将接合的金属臂固定在底座上，如同人体四肢的解剖结构一般清晰可见。卡瓦丁当时的想法是弹簧可以提供所需的韧性，从而通过平衡的拉力调节光线位置。随后，弹簧制造商发现了这一设计的潜力，并将其推向市场。最后的结果就是这一灯具成功量产，虽然设计原型不断改进与拓展，但一直畅销。如今，Anglepoise这个名字就如同Hoover（胡佛，高端室内清洁机具品牌）一样，已经成为一个通用术语。

灯具原型结构包括涂漆金属灯罩和悬臂，以及电木底座。如今，其全部采用金属制成，并有多种颜色可供选择。坚固的底座或螺钉夹用于将其固定到画图板上。

Maiorca

p.136图　在走廊等交通空间处同样可以打造出高效且令人出乎意料的工作区域。如图，带有整体照明的隐藏式橱柜内设置了工作台以及用于存放文件和其他物品的置物架。

下图　楼梯下的小空间布置出一处简单的工作区，配有办公桌、工作灯和两把椅子。

## 借用空间

在老房子中，走廊及平台等空间通常都非常宽敞，用现代的观点来看，这似乎有些浪费。另外一处值得探索的“过渡空间”，即楼梯下方。这些空间与其他区域相比更具独立性，安装嵌入式照明、内置置物架及工作台便可有效利用为紧凑的工作区。如果条件允许，尽量选择自然光线充裕的其他位置。但值得注意的是，除非楼梯下方空间足够宽敞，否则利用率相对不高，也会造成更多混乱感。

在阁楼等层高较高的生活（工作）空间内，可以充分利用空间体积进行垂直分割。通常，设置夹层是比较常见的且实用的方法，但要确保其便捷的进出方式。根据身高高度，可以将办公区设置在上层，也可以将卧室放在上层，工作区放在下面。

**下图** 充足的储物空间，充裕的自然光线以及充分安静的氛围为创意工作提供了完美的办公条件。如果以在家办公为主，那么专门的书房或工作区非常必要，能够避免被打扰而降低工作效率。

**p.139图** 如果工作是伏案性质的，那么通常不需要较大的空间。图中这款紧凑型的书房配有内置工作台和置物架，实用性较强。

**p.140～141图** 比起书房，这个开阔、明亮、通透的空间看起来更像是一个家庭工作室。宽敞的内置储物空间以及通过拱形窗户射入的自然光线，让人身心放松，工作起来也会感觉非常愉快。

## 书房

书房就像是一处静修的空间，拥有自己的独立书房也是大多数人的愿望。如果是在家办公，这样一处空间就可以让人暂时远离外面的纷扰。如果您的职业特性需要宽敞的空间，那么书房也无疑是至关重要的场所。

至于选用哪个备用房间作为家庭办公区或书房，需要进行仔细斟酌。当然，并不一定要选择最小的房间。无论最终选择哪里，都需花费时间和精力去进行装饰，从而赋予其一定的个性。家庭办公区无须符合某一尺寸去适应所有的需求。

近年来，花园棚逐渐成为在家办公备受欢迎的场所。这样的空间也越来越精致，在这里小憩一会儿可以在精神上得到放松。更值得注意的是，这些空间多数都配备了电线插头等设施，方便使用。

OPERAEN PÅ DOKDEN
HENNING LARSEN
EDVARD MUNCH
EDVARD MUNCHS GRAFIK
Ragna Stang Edvard Munch

**下图** 两盏壁挂式Bestlites台灯用于工作台照明。可转向工作灯可用于照亮书页或电脑键盘，向上照明则可以打造最佳背景照明效果。

**p.143图** 这是一个可以激发灵感的空间——简约的工作区采用多幅印刷画和多个小物件装饰，构成了开放式生活区的一部分，适合思考。落地灯可以根据具体需求调换位置。

## 照明

○工作区照明与其他空间照明无异，其关键点依然是规划。定点照明对于保证空间实用性和舒适度来说是非常重要的。

○如果是伏案或以电脑为主要工具的工作，那么对照明光线要求则更高（其亮度通常是休闲区域的5倍）。一盏或两盏可转向工作灯的使用是非常必要的，可以直接照射书页或电脑键盘。但同时，一定要注意避免产生眩光。

○不能单纯依赖工作灯，以免台面与周围背景照明的对比过大而引起眼睛疲劳。上光灯通常是背景照明的有效来源，光线从顶棚上反射下来，不会在电脑屏幕上投射阴影或眩光。

○如果有可能的话，尽量将工作区选择在自然光线充裕的空间——透过天窗射进来的自然光为创意思考营造良好的氛围。自然光照，尤其是北向光线对于与颜色精准度要求较高的相关工作来说非常重要。

○洗衣房等公用设施区是唯一可以使用单个头顶光源的空间，而工作间则是另一种情况。如果办公区内设有工作台，可以选用带状照明设备并直接安装在隐藏于挡板后的架子上，能够满足工作照明需求。

3:12

# 支架桌

作为一种家具类型，支架桌（Trestle）的历史可追溯到中世纪，而其固定的框架结构甚至比餐桌出现更早。支架桌结构简单，仅由A形木质支架以及置物架构成，易于移动、拆卸和存放。现代版本在基础结构上进行改变，由之前粗糙的版本，供装饰工和涂裱工使用，到如今更精良优雅的版本，为办公和就餐两种活动共用而打造。玻璃桌面的支架桌可以节省更多的空间。在我乡下住宅中的这张支架桌是由意大利知名设计师阿切勒·卡斯蒂格利奥尼（Achille Castiglioni，1918—2002年）设计的，诞生于1940年，至今仍在生产。这款桌子可以调节，其框架采用清漆涂饰的天然榉木打造，桌面选用白色榉木层压板材质构成。

p.146图　这款古董娃娃屋用于存放纸张和打印机，独特的形象与常规的钢材质办公橱柜截然不同。

下图　EA117办公椅（1958年）出自伊姆斯夫妇之手，其符合人体工程学的设计在视觉和感觉上带来了十足的舒适感。这款座椅可倾斜，高度可调节，带有脚轮可自由移动。柔软的皮革饰面结构和铝制框架赋予其简约而精致的造型。

## 办公装备

### 办公椅

如果您的工作需要长时间坐着，那么选择符合人体工程学原理的座椅则非常必要。当然，这不仅仅是一把支撑性好并能够调节高度（适应不同身型需求）的座椅就可以解决的简单问题。几个小时不能变换姿势地困在一个位置上，各种麻烦会随之而来。符合人体工程学的座椅可以自然地改变坐姿，如倾斜方向等。除此之外，还要满足外观与性能兼顾的需求。这时，伊姆斯座椅不失为一个好的选择。

### 办公桌

对于作为多功能区的一部分或兼有餐厅功能的家庭办公区来说，最好不要选用办公室中通用的物件，简单的支架桌或餐桌通常是比较合适的选择。玻璃面桌子低调但不失优雅。

如果拥有独立的办公区，那么选择范围则会更广一些。例如，可以从20世纪中叶的经典风格中获得灵感，选用乔治·尼尔森的带有鲜艳颜色文件格的写字台。当然还可以留意现代风格或复古风格的办公桌。

**左下图** 如果能花费一定的时间和精力去用心地布置和打造杂物间，烦琐的日常家务也会让人感到愉悦。图中各种设备有序地堆叠在一起，并临近专门用于洗手的水槽，所有的清洁用品都摆在上面的架子上。

**右下图** 将工具挂在挂钩上是简单而有效的收纳方式，远比随意挂在扫帚柜上好得多。

## 杂物间

杂物间通常被视为幕后工作区，往往被忽视且没有规划。当然，这并不是说需要像起居室等空间那样精心保养和维护，但作为功能性的空间，注重一些细节还是非常必要的。而且，整洁有序的杂物间会使得琐碎的家务也没那么令人讨厌吧！

最近，家务工具的趣味性开始复苏，如饰有天然鬃毛和木柄的老式扫帚和刷子，带有搪瓷和金属五金件的水桶和洗手盆。这些工具不仅能够满足功能需求，其自身的魅力也足以引人注目。但与此同时，要考虑到空间的存储能力，不能由于过度迷恋而广泛选择。举个例子，没有必要备齐可以执行各种特定功能的刷子，通常一把软刷和一把硬刷就可以解决大部分的问题。

### 共享杂物间

有些家庭可能空间有限，杂物间通常是厨房或浴室的一部分。这些空间已经铺设管道且满足功能需求，因此放置工具设备时需要进行仔细规划。

**左下图** 壁挂式木质储物柜是存放户外装备、运动器材和园艺工具的最佳场所。

**右下图** 用于存放亚麻材质及清洁产品的便携式篮子分类摆放，易于更换存放位置。

在厨房中，不能打破烹饪和备餐的自然流程。而在浴室中，需要为固定电源预留出空间。无论哪种情况，足够的通风都是非常必要的。同时，要尽量选择使用起来噪声相对较小的设备或工具。

**独立杂物间**

独立杂物间可以说是旧时洗涤室（进行洗涤餐具炊具等物品的空间）的当代化身。在多数情况下，其最大的诱惑即是安装了各种设备，使得日常的家务劳动成了愉悦的享受。置物架或内置橱柜用于存放清洁物品以及散装产品。各种架子和固定杆用于收纳清洁工具，如扫帚和刷子等。

相同的收纳原则也适用于最小的工作区域——存放扫帚的橱柜。如果将物品随意丢进去，必然会增加混乱感。反之，如果将各种小物品存放在门后的架子或置物架上则会取得很好的效果。

HOUSES
Knoll
COSMOS CARL SAGAN
Modern House
JEFF WALL
New York Interiors
VICTORIANA
STAINED GLASS
FULL MOON
The Divine Comedy
PALLADIO
WIDE ANGLE
SCHAMA
Detail
you can do it

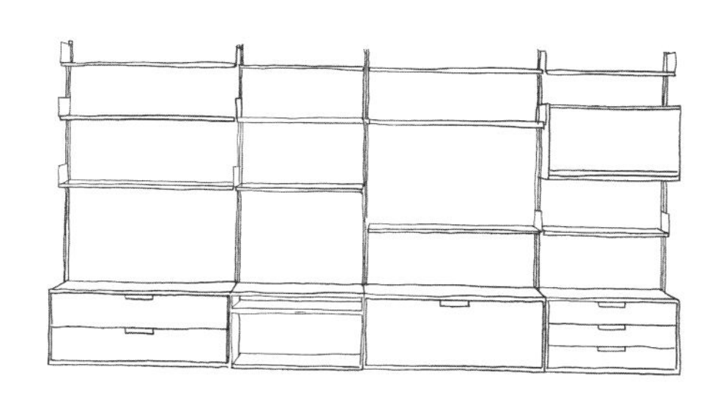

# 置物架

606通用置物架具备灵活、适应性强、功能强大及自我修饰等特性，可用于存放任何物品。它由传奇人物迪特·拉姆斯设计，被视作“现代经典之作”，已连续生产半世纪。迪特·拉姆斯于1961—1995年领导布朗公司的创意团队，至今仍就职于著名家居品牌Vitsoe，担任顾问。置物架最终以模块化形式呈现，其核心是直接固定到墙上的铝制E形轨道，置物架、橱柜或桌板可以直接悬挂在带有切口的铝销轨道上。如果墙壁不够平滑，可以将轨道安装在立柱上。在没有墙壁的空间中，立柱可以设置在地面和顶棚之间，然后将轨道固定在侧面。在这种情况下，橱柜和抽屉等结构恰似悬浮在半空中，别具特色。

606通用置物架是真正意义上的组装结构，各种元素可以互换，方便根据需要存放或收纳的物品和可用的空间进行配置。规格固定，因此可以根据未来的需求进行提前规划。

**下图**　图书馆中比较常见的抽拉式置物架，可用来存放大量的与职业生涯有关的参考资料和文件。

## 收纳存储

本真、简单、实用的生活方式并不是要自我否定或是极端的极简主义，而是要尝试学会自我评判，避免家里混乱或囤积过剩的物件。举个例子，如果在做饭的时候，需要到处翻找需要的调料，会浪费很多时间。如果在家办公，一团混乱往往会让人倍感失望与挫败。

关于收纳存储，这里分为4个层级：随手取用的（物品）；偶尔但定期使用的（物品）；不想丢弃但又不会经常使用的（物品）；用于装饰的（物品）。除此之外，都是无须使用的过剩物件。

### 随手取用的（物品）

日常使用的物品应该收放在桌面、工作台及附近的架子上，包括当前项目涉及的文件和参考资料，近期的账单、家庭管理文件以及待定事项中的任何其他内容。

理想状况下，应尽量使桌面保持整洁。如果无法做到这一点，浅木托盘不失为一个好的选择，是收纳重要且需要随身携带的文件的一种简单且时尚的方式。

同样，日常使用的清洁产品应放在近处，并与其他物品（如银色上光剂、去污剂和地板密封垫等）分开存放。

### 偶尔但定期使用的（物品）

有些物品会偶尔但定期使用，需要在工作区或其附近的位置打造由橱柜、开放式置物架或模块化装置构成的储物单元。推荐使用内置式储物结构，或者将其涂成与墙壁相同的颜色，或者选用现代风格的独立式木质或钢制置物架。摆放整齐的文件夹或收纳盒可用来存放纸质文件，并使其保持清洁。以下提到的物品适用于此类型收纳存储方式。

○与两年内的工作相关的文件。
○近期的发票、账目和纳税申报单。
○指导手册、保险单据以及其他与家庭生活相关的文件。
○打印纸和其他耗材。
○需定期查阅的参考资料。

### 不想丢弃<br>但又不会经常使用的（物品）

阁楼、地下室和其他偏僻的空间是存放此类物品的理想空间。要考虑确保满足合适的保存条件，尽量保持干燥无尘。最好选用带盖的塑料收纳容器。

这些需要深度存放的物品要列出清单，避免遗忘。也要定期进行检查，无须使用的物品要及时清除。例如，纳税申报单只要保存一定年限即可，无须长久保留。

### 用于装饰的（物品）

家庭办公的优点之一就是可以摆脱常规且缺乏生机的办公环境。可以在办公桌周围留出一小块空间用于摆放明信片或照片等有利于激发灵感的物件。当然，一瓶鲜花或者几枚纪念币都可以起到很好的修饰作用。

Premier
A4 80 Leaves

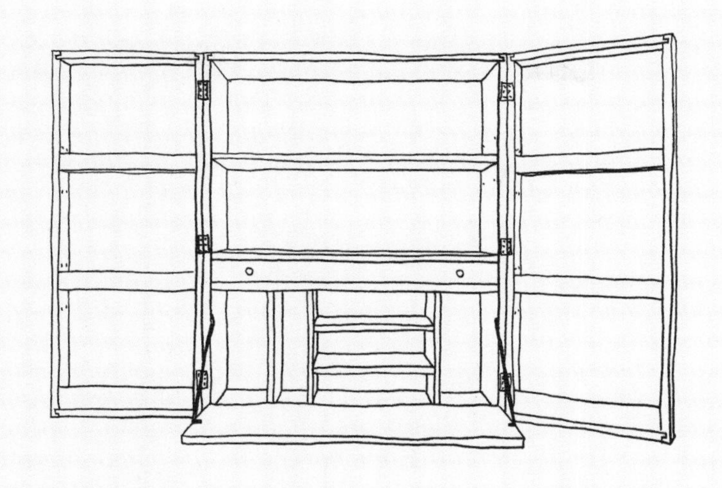

# 文具柜

这是我为本书专门设计的第二个作品——一款文具柜。如今，笔记本电脑、ipad和其他电子设备越来越多地成为人们工作与交流的工具。但是，可以肯定的是，我还是喜欢用笔在纸上勾画创意的感觉，我想不止我一个人是这样。清晰整洁的桌面为持续思考营造舒适的环境，而这款文具柜可以用来收纳桌面上所有的零碎杂物。

橱柜安装灵感来自经典储物家具的内部布置，如带有抽屉和文件格的书桌或写字台。这款文具柜是壁挂式，因此非常节约空间。

铰链门内侧的浅木格子用于收纳便签本等小物件，方便使用。柜子主体结构包含垂直和水平储物格，用于存放信纸、信封和书画工具。抽拉式抽屉和折叠盖板用于放置笔记本。

PLAIN

本真

SIMPLE

简单

USEFUL

实用

# 卧室

p.158图　天窗上洒下来的顶光与镜面墙壁反射的光交织在一起，营造出通透开阔的氛围，非常适合休闲放松。

卧室是放松身心的休息场所，与起居室和厨房等公共区域不同，这里是私人空间。然而，有限的空间面积往往会在一定程度上“破坏”其应有的核心功能。举个例子，如果要想在卧室里放置衣柜、工作台或书架，就需要进行仔细规划，以确保获得最基本的平和与宁静的氛围。

混乱的杂物、过载的衣柜以及吸尘的小摆设都会影响到睡眠的质量。如要保证优质睡眠，要确保拥有良好的光线、空气、贴身的床单以及床品等。

儿童房的设计略有差异。最初几年，卧室兼作游戏空间。随后，这里通常需要设置学习区域，因此提高灵活性至关重要。

**下图** 这间卧室散发着宁静平和的气息，是设计师竭尽全力想要达到的效果。全白的装饰和浅色的地板打造出令人慰藉的背景，整洁的内置橱柜使得杂物得以井然有序的存放。

**p.161图** 尽管我们在卧室中的大部分时间都是在睡眠中度过，但光线依然是重点考虑的因素。图中这间卧室两侧墙壁采用落地窗，将户外郁郁葱葱的花园美景引入进来。

**p.162～163图** 改造后的阁楼与家中的其他区域分离开，是卧室的理想之选。在这里，空间足够，因此布置了嵌入式梳妆区。

## 床

毋庸置疑，床是卧室内的主要家具。其占据了绝大部分空间，需放置在中央，方便两侧使用，为更换床上用品提供便利。考虑到这种特性，床的选择以简约为主，不必过于强调细节。

最简单的形式即为落地沙发床。有的会在底座上设置深抽屉，用于存放备用的床单、毯子或厚毛衣等物品。添加床头板，软垫等可以增加舒适性，方便在床上阅读。

床架选择范围通常较广，经典的黄铜涂漆床架，优雅的现代木制床架都是不错的选择。带腿床架和无腿床架会存在一定的差别，前者（无论腿多短）在本质上会增强空间感。床头板在两侧延伸可形成床头柜，提升视觉愉悦感。

### 床垫

床垫是确保舒适度的主要因素，因此其是床的最重要元素。可以节约床架的预算，但应该购买经济实力范围之内的质量最好的床垫。床垫通常10年左右更新，需定期调换方向，以保持其平均磨损度。

同沙发等软垫家具一样，购买床垫需亲自尝试，当然和伴侣一起格外重要。并不建议在网上购买。

床垫如果过硬，会给关节施加压力，使身体无法保持平直，进而使得脊椎弯曲；如果太软，则无法进行睡眠过程中自然而然发生的小动作。总之，无论太硬或太软都会导致腰背出现问题。当然，柔软度和硬度与体重相关。如果伴侣体重差别太大，最好选择两侧支撑度不同的床垫。

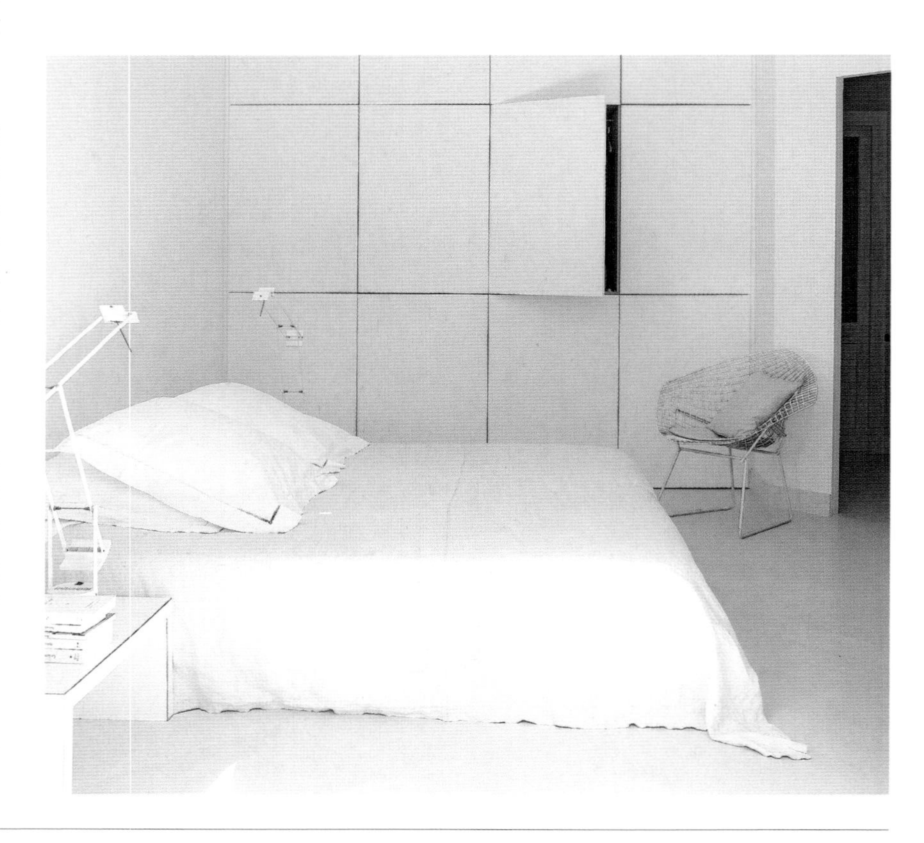

DAVE EGGERS WHAT IS THE WHAT

p.164图　简易轻薄的窗帘可在白天遮挡视线，保护隐私；厚重的窗帘则可阻挡任何不受欢迎的光线，并在夜间起到最佳的保暖和隔音效果。

下图　淡雅的装饰使得整间卧室看起来轻盈且宽敞。反之，狭小的空间，艳丽的色彩，再加上繁复的图案和细节则会干扰睡眠。

## 照明

### 自然光线

即使我们在卧室的时间大部分都是处于睡眠状态，仍需格外注重内部的光线质量。自然光对我们的昼夜规律有着深远的影响——设定了我们的生物钟。半透明的窗帘，如薄纱帘或棉质百叶（遮阳帘）都可以有效遮挡视线且保护隐私，同时还能透过晨光。可调节百叶窗也是非常好的选择，还可以产生独特的光影效果。当然，如果是需要在完全黑暗的环境下才能入睡的人，则需要慎重选择。

优质的自然光线可营造出空间开阔感。浅色以及浅色饰面，如浅色木地板、天然纤维盖巾、中性色地毯、白色或灰白色墙壁，可以充分反射照进室内的自然光线。卧室与其他空间不同，不适合灰白或全白的装饰，而且这里不是全天使用或动线繁忙的空间。

p.167图　床头台灯饰以玻璃灯罩，低调却不失优雅，黄铜调光器安装在床头板一侧的墙壁上。

## 人工照明

卧室照明应事先做好规划，布置好基础设施，确保灵活性。整体背景照明以及重点照明（满足阅读需求）都需考虑。

○避免完全依靠单一的且过亮的中央照明设备，以免营造出炫目而呆板的空间氛围。多光源通常是较好的选择，能够让人身心愉悦。

○如果卧室空间比较狭小，置顶灯则是明智的选择。光线直接射向顶棚，增强开阔感并能实现柔和的背景照明。

○照明设备可隐藏在床头板后、床下或嵌入式床柜下，进而产生漫射光，营造出空间漂浮感。

○安装调光器，根据一天中的不同时间调整光线水平。如果可能，可以在门边和床边安装控制开关。

○床头两侧可以放置带灯罩台灯或壁挂灯，方便阅读。理想情况下，灯具最好可以调节角度，可将光线直接对准书页。

○嵌入式衣柜和壁橱可以安装内部照明设备，方便查看或查找物品。

○家中有小宝宝，要尽量避免台灯或落地灯的电线带来的危险。

THE ELEMENTS OF STYLE • STRUNK / WHITE / KALMAN

Nigel Slater Appetite

p.168图　这是一间带有浴室的卧室，安静而私密。框架结构将床头包裹起来，营造私密感的同时，也为陈列各种小物件提供了便利。

下图　白色床品和浴巾带来清新、纯粹和奢华的气息。棉和亚麻等天然纤维材料光滑且吸水，非常亲肤。

## 床品

### 纤维材质

没有什么比亲肤的整洁干净的床品更具有吸引力了！棉和亚麻等天然纤维材质具有吸汗特性，有助于控制体温。埃及长绒棉床品格外光滑，支数越高，光滑度越好。混纺材质（添加了聚酯等合成纤维材质）易于维护，价格实惠，但舒适度却低得多。

### 颜色与图案

对于纯粹主义者而言，白色床单、被罩和枕套是在卧室中营造极致奢华感的最佳选择。如果不想使用白色，柔和的蓝色、灰色和灰白色也是不错的选择，比那些艳丽色彩更能营造适合的氛围。另外，织法中结合不同纹理（提花或泡泡纱）的床品也是一种选择。当然，偶尔在毯子或被子上点缀一些色彩或图案也能带来别样的效果。

### 枕头

枕头一旦变形就会失去支撑头部和颈部的能力，应及时更换。

○ 羽绒填充枕头最柔软，价格最高。
○ 羽绒和羽毛填充枕头弹性最佳。
○ 如果患有过敏症，建议使用合成泡沫或纤维枕头。

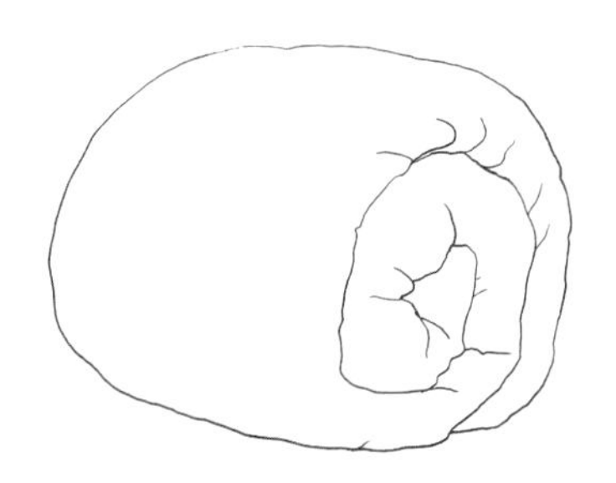

# 羽绒被

有那么一段时间，铺床是一项复杂的大工程，通常需要专业技能（如在医院工作）。现在听起来似乎有些不可思议！直到羽绒被的诞生，彻底改变了这种情形。

Duvet（羽绒被）一词来源于法语down（羽绒）。20世纪60年代早期，其首次在Habitat家居连锁商店内出售时，英国人对此感到异常陌生。20世纪50年代在瑞典之行中，我第一次“邂逅”羽绒被，惊讶于其给生活带来的便利。我们最初的营销活动着眼于“十秒铺床法”的优势，出售的单人被远多于双人被，但不可否认的是，羽绒被逐渐盛行。如今，很少有人依然睡在床单和毯子下。

据悉，羽绒被起源于法国乡村，但具体时间不详。早期，内部采用鸭绒填充。如今，填充物种类多样，从鸭绒、鹅绒及其混合物到合成纤维，应有尽有。纵观所有，全鹅绒被因轻巧和保暖特性而备受欢迎。在这里，非常高兴地告诉大家，我们最近设计了一款泡泡纱羽绒被套，无须熨烫，大大减少了铺床的时间。

p.172图　专门设置的更衣区紧凑但功能齐全，悬挂空间、开放式架子和宽抽屉组合成独立式单元，除存储功能外，还用作空间分隔结构。

下图　整体嵌入式收纳方式使得所有可用空间得以充分利用。架子和置物架用于存放毛衣、衬衫和鞋子，巧妙的设置让原本怪异的空间看起来非常舒服。

## 衣物收纳

本真和简单不一定适用于衣柜中所有的物品，但实用一定是必需的。不要存放从未穿过的衣服，以免造成空间浪费。据统计，这类衣物通常占到总数的80%之多！

抽出时间进行定期查看（两季交替的时间刚好），丢弃不需要的衣物。这样，不仅能获得更多空间，也能为留下的衣服提供更优质的保存条件。塞满物品的抽屉以及挂衣杆非常适合飞蛾滋生。

另外一种减轻卧室空间压力的方式为按季节收纳，即当季不需要的衣物打包放入防虫收纳袋中，存放到别处。

接下来就要选择收纳方式，嵌入式或独立式或两者兼而有之。这在很大程度上取决于可用的空间，通常嵌入式更节约空间，且便于使用。当然，也可以根据需求量身定制。无论选择哪种方式，切记不要将衣物挂在开敞的栏杆或架子上，避免落灰、褪色或虫蛾损坏。

整体嵌入式衣橱效果更佳。但值得注意的是，其需要占据一整面墙壁，且一直延伸到顶棚板。尽量避免在柜门处使用过多的细节和装饰线条——平镶板可构成无缝背景，打造平面效果。另外，实用性代表着易于操作——柜门灵活开闭，抽屉、拉篮或置物架轻松操作。

○预留600毫米的进深，用于悬挂式收纳。夹克、裙子和衬衫可以采用“双件”同时悬挂的方式，以最大程度利用空间。
○抽屉前需预留1米的抽拉距离。切勿将抽屉塞满，一般以不超过整体2/3为宜。
○定制抽屉隔板，用于收纳小物件，架子或栏杆可用于存放鞋子、皮带、领带或围巾。
○床下可用于额外的存储空间，带轮带盖的塑料收纳箱非常适合收放鞋子或厚重的毛衣。

**左下图** 嵌入或隐藏式衣物收纳方式比敞开式悬挂（栏杆或架子）更具优势，可减少染尘、褪色或虫蛀的风险。

**右下图** 成排的小格子用于存放大量的衬衫。在更衣区，全身镜和良好的照明都是必不可少的。

**p.175图** 如果空间足够，最好将衣柜放在卧室外。更衣区通常可以定制并根据要求进行调整，以打造适合的收纳方式。

## 更衣室

将整个衣柜放置在单独的更衣室内貌似有些奢侈，但却可以大大改善卧室本身的氛围和实用性。更衣室甚至不需要一个单独的房间，足够宽敞的走廊或者前厅都可以达到相同的目的。但要确保其靠近卧室或浴室，同时满足隐私需求。

定制通常是最流行的解决方案，与其他方式一样，材料的品质以及装饰的整洁性至关重要。如果预算有限，建议选择胶合板或实木柜门，也可使用丙烯板或滑动屏风代替，橱柜可以沿整面墙壁设计。

更衣室内可配备收纳专家打造的储物系统结构，其设计灵活，悬挂空间、鞋柜和小格子一应俱全。室内照明和全身镜必不可少。

Priceless
TIM MOORE
Vroom by the Sea
Peter Moore

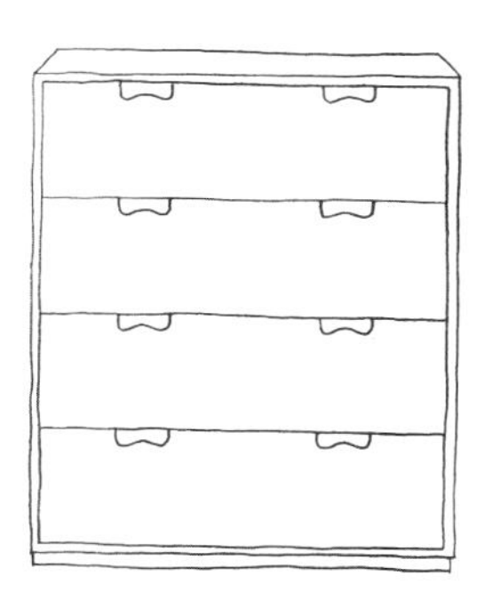

## *SNOW*

# 抽屉橱柜

Snow抽屉橱柜由托马斯·桑德尔（Thomas Sandell，生于1959年）和乔纳斯·博林（Jonas Bohlin，生于1953年）共同设计，是储物家具系列的一部分（包括玻璃门橱柜和壁橱等）。桑德尔是芬兰籍瑞典建筑师，拥有两国成长背景，是新一代斯堪的纳维亚风格设计团体的一员，目前专注于日常用品的设计与开发。这一系列产品是其与零售巨头宜家合作PS产品时期诞生的。

Snow抽屉橱柜由瑞典Asplund公司生产，结构合理，坚固而简约。其主要材料为涂漆中纤板和实心桦木，颜色以中性灰、浅棕和纯白为主。异形拉手设计增添了柔和性，抽屉本身可以自动闭合，易于操作，与优雅的外表一起带来愉悦的使用体验。其堪称是斯堪的纳维亚风格中最好的设计，实现了功能性、声学、美学和人文气息的完美结合。

p.178图　每个孩子都喜欢把自己喜欢的物件放在身边，“少即是多”在这里并不适用。出自安娜·卡斯特利·费里尔（Anna Castelli Ferrieri）之手的小型Componinili储物系统（详见p.185）可兼作床头柜。

## 儿童房

从呱呱坠地的婴儿到蹒跚学步的幼儿，从求知欲满满的小学生到情绪多变的少年，孩子们似乎一眨眼之间就长大了。为了满足不断变化的需求，儿童房设计要确保灵活性和规划性。

虽然不能奢望儿童房从婴儿期到成年期保持一成不变，但可以使用本真、简单、实用的方式减轻自己的压力和经济负担。最简便的方式是摒弃任何与年龄或主题相关的元素，如小鸭子、小兔子、喜爱的卡通人物和足球队等，采用其他可快速替代的物件，比如使用软装物件而非墙纸来彰显主题。同样，家具最好选择简单通用款式，尽量避免儿童专用版，以免很快过时。表面与饰面材质以易于维护和耐用为原则，如耐污地板等。这并不意味着将成人风格强加给儿童，而是培养孩子以合理的界限使用空间的方式。

**房间分配**

婴儿通常不需要大房间，且大多数青少年也会接受小房间以获得更多的隐私。但是，当孩子很小时，地板是主要的游戏空间，因此最好有一个自然光线良好的大卧室。

**注重安全**

避免拖拽电线，并在电源插座上配备绝缘盖；沉重的家具或独立式书柜最好固定在墙壁上，并确保楼上窗户上锁；平台床或双层床应安装坚固的梯子，且只能供五六岁以上的儿童使用。

**预留展示空间**

在每个成长阶段，孩子们都喜欢展示自己的物品或创作，如熟悉的毛绒安抚玩具、珍贵的艺术品和凸显当时品位的张贴画等。

**灯光**

中央吊灯要安装纸或玻璃灯罩，避免产生眩光；调光器实用性强，可以调节夜间的光线水平；夜灯为年幼的孩子营造安全的空间环境；学习区需要可调节壁灯或工作灯。

**下图** 孩子们都喜欢能够藏身的场所，如靠窗的座位、秘密窝点和树屋等。这款嵌入式箱式床具有相同的吸引力，榫槽镶板下藏着“储藏室”，底座处还有一个大抽屉。

**p.181图** 两张单人床沿着卧室墙壁摆放，首尾相连，下方设有抽屉，用于存放床上用品和衣物。壁挂式置物架单元非常坚固，可收纳玩具和图书等。

## 儿童房收纳

孩子的兴趣和能力会随着他们的成长以及社会的发展而变化，其主要特征就是要不断更新其所需的物品（财产）。有些时候，在旧物处理之前，也许新的就已经买回来了。乐高曾经是圣诞节礼物清单上的“常客”，而如今运动装备、新款的电子设备以及流行时尚成功上榜。提前规划意味着建立灵活的收纳系统，并及时处理不再需要或过时的图书、玩具、游戏等。

### 婴幼儿时期

婴幼儿时期的物件可以存放在单独的便携式容器中，但这一阶段持续的时间非常短暂。尽量避免专门定制的收纳结构，尝试使用灵活的模块化单元，其优势是可根据需求随时添加。

### 收纳箱

坚固的便携式塑料箱或柳条筐是存放玩具的优选。可以分类存放，便于检索。收纳箱建议放置到低矮的架子上或嵌入式橱柜中，便于使用。当然，将受欢迎的物件摆放在稍高的位置可以鼓励并锻炼儿童的攀爬技能。

### 衣物收纳

婴幼儿的大部分衣物都可折叠存放，因此可以选用简约的五斗橱（而非笨重的衣柜）用来收纳衣物、床单和洗护用品等。随着他们逐渐成长，悬挂空间变得十分必要，这时可选择嵌入式橱柜（比独立衣橱看起来更整洁）。

### 挂衣杆和衣架

低矮的挂衣杆或衣架是收纳围兜、游戏装备袋、游泳用具和外衣（任何日常使用的物件）的实用方式。建议为每个孩子设置专属的挂衣杆和衣架，增强主人翁意识的同时，避免发生争吵。

p.182图　青少年的房间需满足多功能需求。将床抬高可以在下方预留更多的储物空间或学习空间，同时让地面看起来更工整，方便来回走动。

下图　嵌入式衣橱为衣物和小物件收纳提供了足够的空间。狭窄的架子结构涂以靓丽的粉红色，用作陈列展示功能。

### 青少年期

青少年和父母之间的争斗几乎都是关于物件如何存放以及在哪里存放的问题。在这个年龄段，他们对整齐度的要求还没有那么高，但可以通过良好的组织系统来培养其收纳的习惯。至于如何付诸实践完全取决于他们自己，至少家长可以随时关上房门，做到视而不见。

### 墙面空间

大范围的架子，尤其是嵌入式置物架，可以满足大部分收纳功能（存放图书、学校文件、DVD和CD等），同时还可以解决随地乱放的坏习惯。尝试在架子上安装较宽的面板或抽拉式桌板。

### 展示区

很少有青少年能够抵制住在墙面粘贴海报或纪念品的诱惑，这是他们在成长过程中尝试各种身份和风格的表现。建议在墙面上采用软木装饰打造大片的展示区供他们使用。

### 平台床

如果房间较小，可以选择将床提升，预留下面的区域用作书房或存放衣物等。

### 远处收纳

较为笨重的物件，如运动器材和户外装备等可以存放在相对较远的位置。

The Alphabet
e
elephants
ΤΟ ΝΗΣΙ

*COMPONIBILI*

# 储物系统

著名建筑师和设计师安娜·卡斯特利·费里尔（Anna Castelli Ferrieri，1920—2006年）堪称意大利设计界的领军人物，与丈夫朱利奥·卡斯特利（Giulio Castelli）共同创立Kartell公司，为提升塑料的形象做出了巨大的贡献。1972年，主题为“意大利：新国内景观”的展览在纽约的现代艺术博物馆启动，Componibili储物系统堆叠而成的作品为纽约的天际线增添了一道异常靓丽的风景。

该系统可以堆叠在一起作为模块化单元使用，也可以固定的两层或三层独立式结构使用，其形状以正方形或圆形为主。模块化单元可按照任何形式配置，且每组只需在顶部加盖即可。其主要采用ABS塑料制成，颜色多样。

Componibili储物系统具有实用、多功能且令人愉悦等特性，可用于家中的不同区域——卧室边桌、厨房储物、浴室及办公区。孩子们特别喜欢打开其弯曲的滑动门，将喜欢的物件存放其中。

PLAIN

本真

SIMPLE

简单

USEFUL

实用

# 浴室

**p.188图** 壁挂组合式盥洗台（下带橱柜）为双洗手池预留了足够的空间，通过暗扣固定的面板后隐藏着大量的储物空间。精致的细节有助于打造整洁的空间——瓷砖从地板处一直延伸到顶棚，水龙头直接安装在镜子上。浴室采用地热供暖，无论外面天气如何变化，这里都会是一处舒适宜人的空间。

# 浴室

在我们进行所有基本活动（如沐浴）时，质朴简约的环境备受欢迎。沐浴既关乎个人卫生和清洁，也是一种放松方式——做做白日梦，舒缓疲倦与压力。如果孩子足够小，亲子共浴不失为一种娱乐。当然，无论是早上让人提神的短时间淋浴，还是结束一天辛劳工作的长时间热水泡澡，都将生活的乐趣融入其中。

本真、简约、实用的方式并不是提倡“斯巴达式的回归”（几十年来以“清苦”自居的生活方式）。这里是指充分利用空间的布局，拥有良好运转的设备设施以及整洁易于维护的表面与饰面。当然，还意味着注重细节和装饰，没有什么比整齐摆放在加热杆上的毛巾或恰当安装且具照明功能的梳妆镜更令人感到愉悦了。

p.191图 传统爪式铸铁底脚浴缸堪称永恒的经典。担在浴缸两侧的木架子用于放置海绵擦和肥皂，也可用作图书支架。

p.192图 双洗手池安装在高脚盥洗台上，增强空间感。壁挂式加热毛巾架也可为空间提供热源补充，滑动门大大节约了空间。

p.193图 淋浴房内细节精美——淋浴喷头下方设计有柚木格栅排水装置，玻璃门通往室外露台。整个空间如同沐浴在自然之中。

## 空间布局

浴室、淋浴间和衣帽间/宾客洗手间是家中布局最紧凑的空间，与厨房各有异同。相似之处在于其布局在很大程度上依赖于现有的管线规划；不同之处在于，其空间通常供不应求。

全局规划是解决问题的最佳方式。通俗来讲，每处相差几毫米都会导致最后布局效果的差异。建议咨询专业人士或采用上门设计服务，避免犯错。纠正错误往往需要付出更高的代价，且并不一定带来最好的结果。

○淋浴间尽量靠近卧室。
○如果空间足够，建议考虑采用更具动态效果的布局方式，如将浴缸居中或与墙壁保持恰当的角度放置。
○仔细规划浴室的布局，尽量使马桶与浴缸隔开，或者至少要保证其不与浴缸头部对齐。
○壁挂式装置（马桶和水槽）可以与嵌入式储物结构整合在一起，方便将水箱、排便管和其他管道隐藏起来。
○浴缸和淋浴周围必须预留足够的空间，方便进出且保证安全。同样，水槽两侧也要留出足够的活动空间。
○下图清晰展示了浴室内固定装置四周应预留的空间大小——便于操作所需的最佳距离。

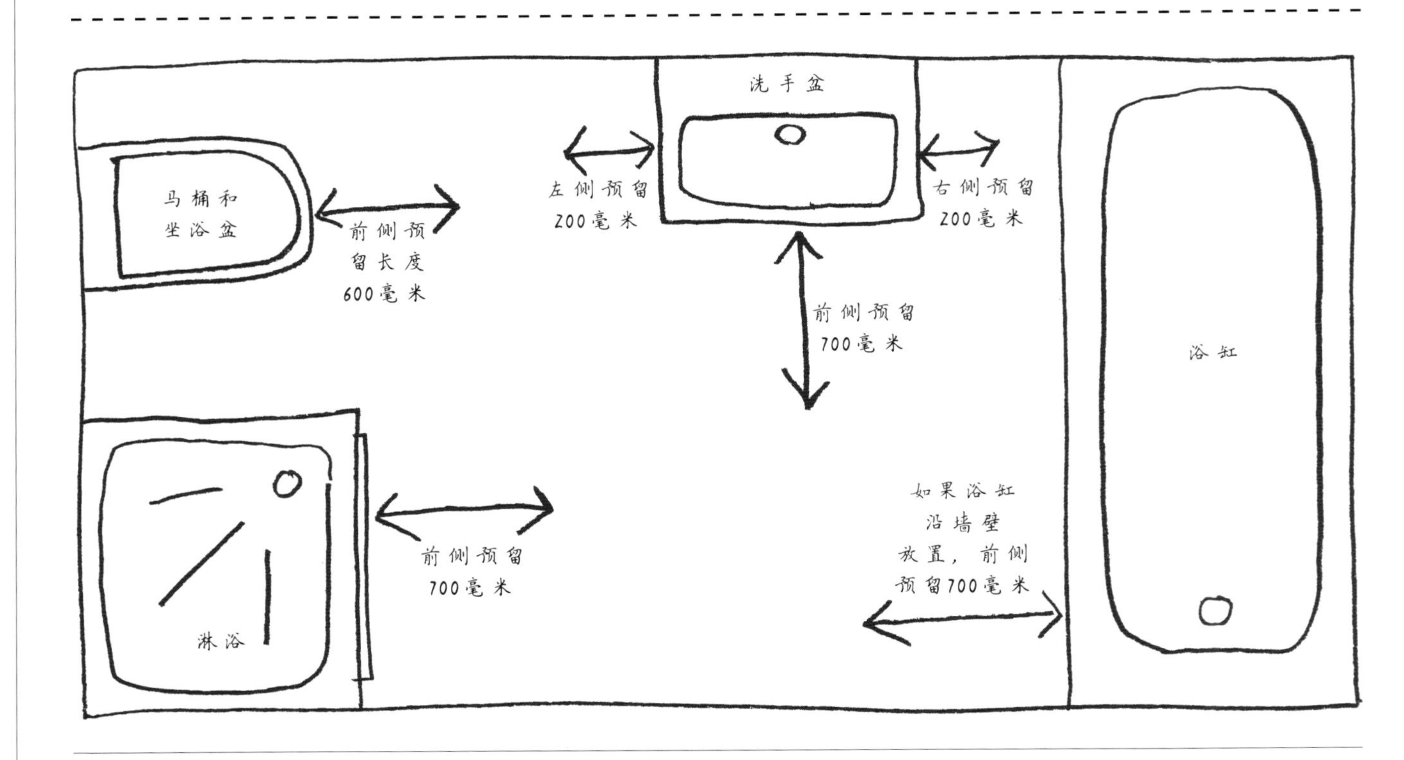

EAU
ROUGE

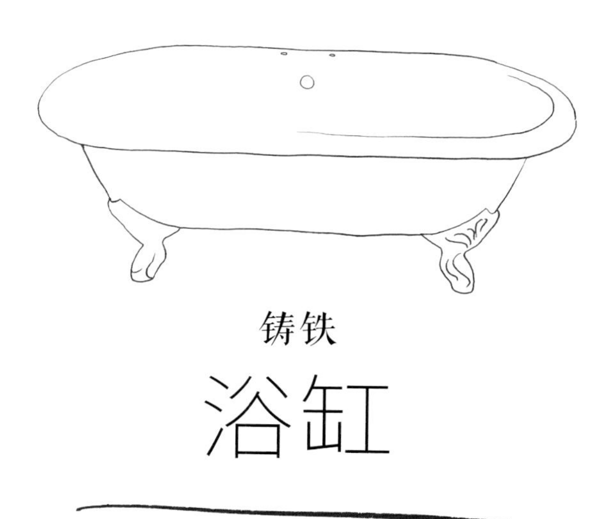

## 铸铁

# 浴缸

铸铁（Cast–iron）浴缸于19世纪末期首次生产，拥有永恒的品质，在现代室内空间和传统家居环境中都可使用。浴缸内部是搪瓷——铸铁上釉工艺是由出生于苏格兰的美国发明家大卫·邓巴·别克（David Dunbar Buick，1854—1929年）开发，他因创建同名的汽车公司而闻名。

卷沿铸铁浴缸是独立结构，可放置在浴室中央与墙壁垂直或对齐。爪脚是典型的装饰，木托底座格外简洁，更具现代感。浴缸外表面可进行涂漆处理。

与钢结构相比，铸铁浴缸耐用性更加。其完全是刚性的，并不会因为受重而弯曲变形，饰面破碎风险微乎其微。此外，铸铁浴缸防锈，可长时间保存热量。加之其宽大的尺寸，非常适合长时间悠闲地泡澡。

**下图** 浴缸一侧五彩斑斓的马赛克装饰令人非常愉悦。

**p.197图** 实用的浴室布局源于最初的周密规划。双洗手池设计是缓解“拥堵”状况的理想之选，当然还有浴缸和独立的淋浴间。白色小片瓷砖营造出舒适的网格效果，伊姆斯RAR摇椅（1950年）为整个浴室增添了彩色气息。

## 家庭浴室

多用途、多代成员使用的家庭浴室空间需足够宽敞，这样才能达到良好的效果。当然，这也意味着可以在浴缸四周预留出更多的空间，以便于帮助婴幼儿洗浴。推荐安装双洗手池，避免产生“拥堵”的状况，从而维护家庭和谐。单独淋浴间的设置能够增强功能性。

○所有表面和饰面必须完全防水，以免孩子洗澡时四溅的水花带来的影响。墙面建议使用专用墙砖，且涂抹防潮涂料。确保地面防滑，通常瓷砖或带纹理石材是优于光面地板的选择。

○如有可能，将洗衣机和烘干机放置在浴室内或离浴室较近的空间。

○确保每位家庭成员都拥有独立的储物空间，用于收纳必备品以及各种小物件。

○可以通过易于更换的小细节来赋予空间不同的色彩感，如浴室垫、毛巾、沐浴玩具和储物容器等。

**p.198图** 湿室是传统未经封闭且放大的淋浴间，需仔细规划与建造，以防止渗水及由于渗水而带来的损害。

**下图** 淋浴间内仅由湿区构成，墙壁和地面均采用石砖铺饰。

**p.200～201图** 这是我位于伦敦乡下住宅的浴室。一面钢化玻璃用于分隔淋浴区，最后侧的壁龛上摆满了用于装饰的彩色玻璃茶灯。

○无框淋浴门看起来更加简约与简洁。

## 淋浴间与湿室（区）

浴缸泡澡为长时间思考提供了便利条件，而淋浴则可以开启一天的活力，以全新的精神面貌迎接新的一天。淋浴房无非是比经过间隔或带有帘子的淋浴区更精致一些。从更广泛的意义上来讲，其也可以称作湿室——小隔间由房间自身的墙壁构成，水直接排到地板上。淋浴隔间是介于淋浴房和湿室之间的存在，造型比较多样化。

○淋浴喷头在尺寸、材质、形状和喷雾类型等方面存在巨大的差异。尽管在选择时以考虑性能为主，但不应忽视美感。

○陶瓷淋浴盆性能优于丙烯或涂漆钢，其更坚固，更稳定。

○淋浴控制器种类繁多，从标准的浴缸淋浴龙头到非常复杂的恒温控制器应有尽有。建议选择易于操作且可调节温度的控制器，普通龙头通常无法满足需求。

○如果浴室空间很小或形状不佳，那么湿区不失为最佳的解决方案。但需注意的是，必须确保全面防水，采用高密度材料作为饰面（即便这样会增添地面的负荷）。

p.202图　独立式浴缸放置在浴室中央，与造型简约且精致的落地式水龙头相辅相成，共同营造出一个放松的沐浴环境。

下图　在选择浴室设备和配件时，协调统一是重中之重。样式、材质和颜色匹配的设备和配件可以布置在浴室空间较小的一侧。要确保每个设备周围预留出足够的空间，便于操作。

## 固定设施选择

与10年前相比，浴室固定设施种类更具多样性，尤其体现在材质、形状及规格等方面。在进行选择时，无论是外观造型，还是维护形式，建议以简约性为首选。这其实能够帮助缩小选择范围。例如，木质浴缸和玻璃水槽拥有很高的声望，但对保养要求更高。

○虽然浴缸可自带美感，但最好与其他固定设施（如水槽、马桶及坐浴盆）相协调，以营造视觉上的统一。到目前为止，玻化瓷仍是最流行的材质。
○尽量避免选择彩色浴室设施。白色是经典的最佳选择，永不过时，实用性强，且在视觉上增强空间感。另外，在后续更换卫生洁具时，也不必担忧颜色匹配问题。
○直接安装在盥洗台上的圆形或长方形洗手盆，造型简约，能带来令人愉悦的特质。
○浴缸选择需满足舒适性需求，长度和深度应以使用者身型为基础；洗手盆须容纳足够的水量，以满足不同用途。举个例子，小小的角落手盆可能只适用于客人洗手间，但在其他情况下很难满足要求。马桶及坐浴盆要注意固定在合适的高度。

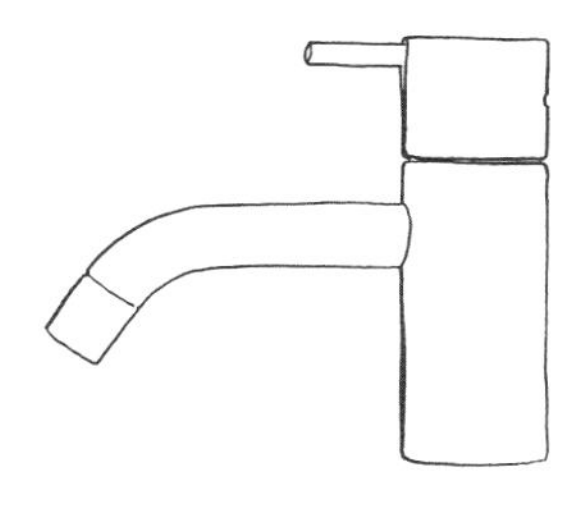

*VOLA*

# 水龙头

这款经典水龙头诞生于1968年，由丹麦著名设计师阿诺·雅克布设计。这是他职业生涯中受丹麦国家银行委托的最后一项任务。他的设计以细节著称，一直致力于一体化设计，几乎没有为非出自自己之手的建筑或室内空间打造家具或配件。确切来说，这款水龙头是雅克布同Vola（致力于创新的制造厂商）的所有者弗纳·奥维加德（Verner Overgaard）共同开发的。整体概念是生产一种壁挂式固定装置，只有喷嘴和手柄可见，其他机械零件完全隐藏在内。最终，这款高品质产品获得了享誉国际的荣誉，进而开始量产。在过去的数十年，其技术规格不断优化，但其美观的外形却一直保留。

**下图** 浴室镜沿顶部边缘布置一列小灯泡，光线均匀地照射到使用者的脸部，让人不禁想到剧院更衣室内的照明。

**p.207图** 所有浴室都不应只采用单一一种照明光源。通常情况下，单独过于明亮的顶部固定照明会破坏整体氛围，起到反面效果。隐藏在镜柜下方的筒灯照亮了洗手盆。

## 照明

人们常常误以为浴室仅需普通的背景照明即可，因此单独固定顶灯成了大众选择。然而，实际的使用情况却往往令人感到沮丧。所有浴室，无论面积大小，都不应只选择一种照明方式，这是非常不利于营造舒适氛围的，即便是日常沐浴也会受到影响。对于带窗浴室来讲，自然光和室外风景都是额外的奖励。然而，并没有明确规定浴室一定要带窗。

○安全性是重中之重。所有的灯具必须是浴室专用，且完全密封于防水外壳内。开关的类型和位置应满足相关规定要求。
○嵌入式筒灯是浴室的理想之选。由于空间布局是固定的，因此可以选择将其安装在特定区域。全罩（全封闭）壁灯也是一种选择。
○建议在浴室照明灯上安装调光器，用于营造不同的氛围。
○浴室镜无论是使用两侧照明，还是四周照明，都会产生均匀的光线，营造出令人愉悦的氛围。顶部照明通常会带来刺眼的光影，因此慎重使用。有些浴室镜会采用整体照明。

PAMPLEMOUSSE
Coton

p.208图　我们裸露的皮肤与浴室中各种表面和饰面直接接触，因此能够非常敏锐地感觉到品质的差异。中性色调的地毯随意铺在水泥地面上，营造舒适感。另外，地暖提供了更美好的感觉。

下图　光洁的不锈钢水龙头、手持喷头和控制装置彰显出上乘的品质。

## 表面和饰面

浴室装修的底线是防水处理。这就意味着容易被喷溅到的表面（浴缸、淋浴间和水槽周围）需要采用不透水或密封材料覆盖。其他空间饰面应满足可清洁功能，如浴室专用的乙烯涂料等（能承受冷凝作用）。另外，还需特别注意密封件和接头。地面材料要考虑防滑功能，以免造成伤害。

全白色或浅色系浴室拥有纯净、清新和简洁的特质，如果自然光线良好，效果会更胜一筹。由于浴室通常自成一体，且独具私密性，浓郁的色彩也可以营造出意想不到的效果。例如，深蓝色让人感到放松，打造出让人深思的氛围；亮黄色和亮红色不宜在客厅或大范围使用，但在客人浴室这样短暂停留的空间则会带来不一样的气息。

**左下图** 黄色如阳光一般明媚，在较小的封闭区域内可以尝试大胆使用，通常不会令人感到厌倦。

**右下图** 瓷砖具有防水、防滑、质感佳等特性，是一种多功能的实用性浴室饰面材质。瓷砖规格与颜色和材质一样重要，能够决定整体效果。

○浴室表面用材往往有限，因此可以选择自己能够负担得起的高品质材质。

○柏木和柚木等木材具有天然防水性能，可在浴室用作基底材质。硬木地板应经密封处理，下面最好选用船用胶合板打底，以防止弯翘。软木地板最好采用游艇漆（最佳防护涂料）涂饰。实木或胶合板用于洗手盆和橱柜居多，形式广泛，更能展现出纹理的多样性以及浓烈的个性。

○石材具有永恒的经典之美，造型规格多样，可用于墙壁、地面及洗手盆台面。冷酷的石灰石现代感十足，深色板岩则能增强平面效果。

**左下图** 天然木材、金属、陶瓷、瓷砖和涂漆石膏打造了令人愉悦的材料组合，营造出低调的浴室空间。

**右下图** 裸露的涂漆砖砌结构、带有嵌入式洗手盆和船用胶合板框架的组合式盥洗台构成了浴室的主要特色，更增添了空间的质感。

○瓷砖是浴室中非常常见的饰面材料，用于防溅板、淋浴隔间以及地面等。通过变换拼贴方式或规格大小（如马赛克）来突显变化，同时确保防滑性以及色彩多样性。

○油毡（特别是成片的油毡）是实用且美观的浴室地面材料。与人工合成材质不同，油毡是天然的，经久耐用且有抗菌作用，呈现出斑驳的柔和色调。除油毡外，颗粒橡胶也是一种选择，具有防滑性能，色调鲜艳，活力十足。

○钢化夹层玻璃是淋浴房、隔板、洗手盆（台面）和浴缸防溅板等的最佳选择。

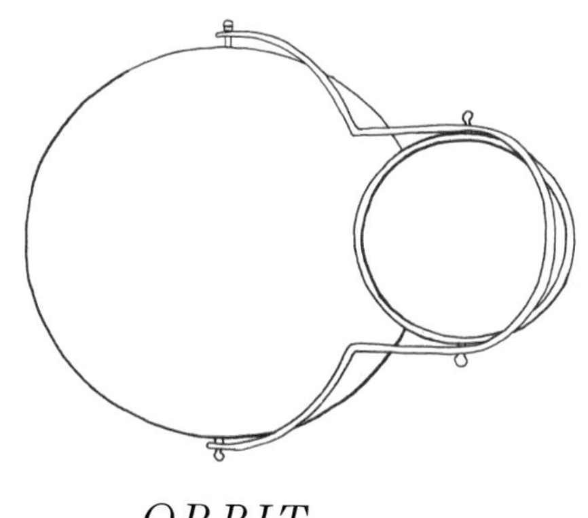

*ORBIT*

# 镜

镜子是浴室中不可或缺的元素，但大多数量产产品都缺乏创意与美感。Orbit镜（1984年）由英国设计师罗德尼·金斯曼（Rodney Kinsman，1943年生）设计、意大利公司Bieffe生产，因其独特的魅力和精妙的细节而著称。金斯曼是OMK创始人及设计总监，与Habitat家具连锁商店建立了长期的合作关系，并因公共座椅设计而闻名于全世界。顾名思义，这款镜子由一面大型固定圆镜和一面较小的镜子构成（如同绕轨道运行的小行星）。其中，较小镜子一侧是放大镜。换句话说，这款镜子集三面结构为一体，便于侧面和后方反射，更适用于剃须及化妆等细节操作。

镜子由抛光铬或环氧树脂涂层钢管构成，大镜子通过简单的孔槽固定于墙壁上，小镜子可绕自身旋转180度。精良的材料和精密的做工让人不禁想到早期的现代主义风格。更需提到的一点是，镜子自身的转动更为其增添了动画效果。

p.214图　多数浴室会采用隐藏式储物和开放式收纳相结合的方式，前者多用于放置零散物品，如备用浴巾以及不想放在外面的物件等。洗手盆和浴缸周围可安装开放式置物架或壁架，用于存放日常使用的沐浴及美容产品。

下图　壁挂式镜柜用于收纳浴室用品，使得洗手盆顶部时刻保持清洁。

## 收纳与陈列

确保日常使用的化妆水乳随手可取，放在台面上的各种辅助用品和工具也需保持整洁有序。在构思浴室固定装置布局之初应考虑隐藏式储物空间，如墙后内置梳妆台及橱柜，以提供足够的收纳空间。如果布局固定之后再考虑收纳，则可能会显得非常凌乱。

○经常使用或需伸手可及的物品和配件（如备用毛巾），可采用开放式置物架进行存放。推荐使用玻璃置物架，耐污且永不褪色。

○加热杆是存放毛巾的最佳方式，同时也可以实现小型浴室或淋浴间的供暖需求。另外，移动手推车也是一种较好的选择。

○可以将零散物品放入带盖容器或玻璃罐中，以打造更整洁更美的外观。

○肥皂和牙刷需要沥水——肥皂可以放置在铁杆或带孔（带脊）的皂盘中，牙刷放于壁挂式支架或类似收纳容器内。

○带有整体照明的镜柜可提供多功能储物空间，但却不适宜存放需低温保存的药品。

FIG & OLIVE
CLARINS

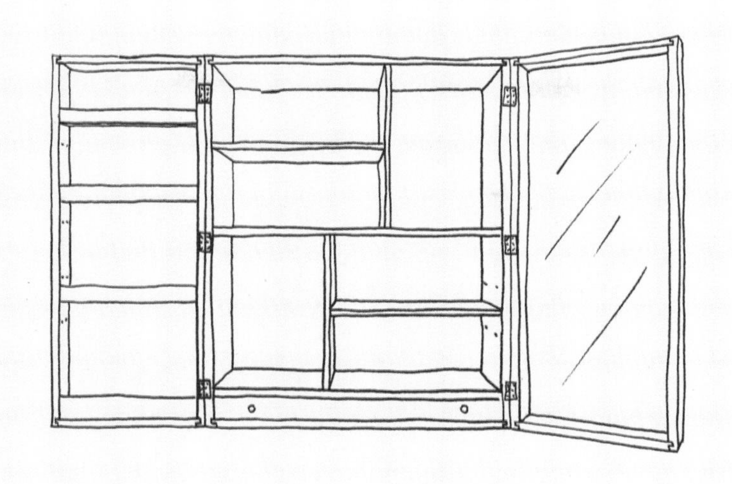

# 浴室柜

这款浴室柜是我为本书专门设计的第三个（也是最后一个）项目，是以储物柜为原型而打造的。壁挂式储物方式在浴室空间中具有特殊的意义，可以最大程度地实现空间的有效利用。同时，其也可以节约空间，打造整洁的视觉形象，从而营造舒适放松的氛围。隐藏式收纳优势多多，尽管现在许多化妆水乳的包装美感十足，但没有人希望空间表面摆满各种瓶瓶罐罐。

这款浴室柜与该系列其他橱柜同样采用桦木板打造。木材特性十足，自带令人愉悦的触感。一侧铰链门内侧安装了大面的镜子，另一侧设计着狭长的架子用于摆放面霜、乳液及沐浴产品。橱柜主体分隔成多个不同高度和宽度的小空间，用于收纳不同形状和大小的物品。柜子底部的浅抽屉用于收放剃须刀和镊子等美容工具。

PLAIN

本真

SIMPLE

简单

USEFUL

实用

# 户外庭院

p.220图　三角梅垂在木板条栅栏上，为户外座区营造了生机勃勃的背景。通过环绕四周的嵌入式木椅可以轻松进入花床，高矮不同的植物增添了园圃的活力。

# 户外庭院

户外生活与自然世界密切相连。即便居住在城市，在小小的阳台或露台摆上一张桌子和几把椅子，栽种几盆盆栽，休闲放松的生活气息便扑面而来。如果花园足够大，开辟出一块菜地、一处游乐区或一方小池塘，那就更加完美了！

园丁更能明白种植带来的乐趣与满足。无论是种植药草、水果蔬菜还是鲜花的户外空间都是非常环保的，不仅减少了对经过远道运输而在超市售卖的食物的依赖，还能吸引鸟类和蜜蜂等动物的到来，在维持生态平衡方面具有重要的意义。

涉及布局和装饰，实用性尤为重要，尤其要考虑天气等因素。当然，如果能够实现室内外无缝连接,就可以一边忙碌一边欣赏户外的美景，并且能够随时进入室外花园。

**下图** 即便是很小的户外空间也会被赋予很大的用途。风化的金属花床中种满绿草、小灌木和多年生植物；旁边是一处简单的休息区，折叠桌和椅子上布满斑驳的痕迹，这也是其独特的魅力所在。这里处处散发出生活的气息。

**p.223图** 植被永远占据核心地位。简洁、简约是选择户外家具的要点，如这些坚固且活力满满的木凳。坐垫采用耐用的帆布包裹，夜间可以搬入室内或放置到棚屋等干燥的地方。

## 打造户外空间

首先要仔细考虑户外空间需满足的功能，放松、种植还是就餐？是否需要开辟出孩子们玩耍的空间？有多少时间可以用来进行维护？

○即使是精力非常充沛的园丁也需要偶尔坐下来休息片刻，思考一下自己的劳动成果，那么休息座区非常必要。如果需要定期举办户外就餐娱乐活动，那么最好将这一区域规划在烧烤区或厨房附近。

○除了少量非常迷你的户外空间，其他都应被仔细布局规划一番，以避免一眼望穿。例如，蜿蜒的小径以及高低的变化都会带来意想不到的效果，并且会在视觉上扩大空间的面积。棚架结构，如遮阳亭等，也可以达到相同的效果。

**左下图** 这个紧凑的小花园是一处安静的庇护所——交错拼贴的硬木纹瓷砖地板，竹子和非洲百合为主的盆栽，各具特色。盆栽植物要特别注意浇水和营养补充。

**右下图** 超大的风化金属花床内种植着西葫芦和茴香等，像花一样，这些蔬菜也很引人注目。混栽可以减少虫害，这样可避免使用杀虫剂。

## 户外种植

园艺并非一定会取得预期的好效果，选择适合现有条件的植物，是提高成功概率的有效途径。土壤质量是可以改善的，但空间朝向却是既定的（北向空间需格外注意）。另外，屋顶花园可能随时受到风的残害，所有这些自然条件都需加以考虑。

○花园处于不断变化的状态。提前做好计划，以满足每个季节能够拥有各自的色彩和趣味，如从早春的球茎嫩芽到秋季成熟的浆果和变色的叶子。寒冷的冬季可以选择造型独特的园景树和灌木来增添乐趣。当然，不要忽视气味特征，这可以带来另一种独特的感官体验。

○种植植物的大小和高度要适当变化——花圃从前到后依次栽种贴地植物和较高的植物，形成层次感。充分利用墙壁和篱笆，便于植物攀爬和蔓延；花架可以充分利用垂直空间，对那些弯腰工作相对吃力的人来说，可使园艺劳动变得容易一些。

**左下图** 小花园或露台尽量选择较少种类的植物以保持统一感且避免造成视觉混乱。如图，容器中统一栽种了葱属植物，其多样的纹理、叶片形状以及深浅不一的绿色调增添了活力和趣味。

**右下图** 好多花园在进行规划时着重体现地面植被特征，往往会忽略垂直元素。图中这棵小小的橄榄树成功地成了休息区的焦点，另一侧郁郁葱葱的竹子在整面格子栅上攀爬，在不知不觉中引领目光向上。

○一年四季，草坪不会一直保持绿意盎然。那么单一的草坪对生活多样性起不到多大作用。如果空间有限，可以完全放弃草坪，采用盆栽和带有花床的座区来代替，进而吸引昆虫和当地野生动植物的到来。这是非常有意义的！

○没有什么比自己种的食物更美味了！新鲜采摘的蔬菜具有无与伦比的味觉体验。如果空间有限，可以采用袋子种植西红柿或罐中种植草本蔬菜。当然，孩子们更喜欢种植，因此可以给他们一小块土地和一些种子去体验其中的乐趣。

○过度种植或过少种植都不是最佳方式。灌木丛生、一年生或多年生植被往往会带来萧条落寞的景象，也会给杂草留下繁殖生长的空间，无形中增添了很多工作。其实，即使不用花费大价钱也可以打造出丰盈的景观，例如选择颜色纹理多样的植物群，往往会带来让人惊喜的

## 法式
# 酒吧椅

我个人一点儿都不喜欢被广泛使用的花园户外家具。这些东西要么过度装饰，要么过于廉价，或者两者兼而有之。花园中植物自然应该是占据主导地位的，如果引入过多的人造元素会让人有一种“被入侵”的不协调感。我更喜欢那些经过自然“洗礼”（风化等）且个性十足的座椅，喜欢它们自带的历经沧桑的气息。那些方便存放的便携座椅，也是我的最爱。

法式酒吧椅是日常用品的经典之作，最早诞生于19世纪末，其被认为起源于普罗旺斯。从那时起，酒吧椅在公园、街边咖啡馆和家庭花园中广泛运用，风靡全法国。这款椅子靠背和椅面采用板条打造，可折叠剪叉式以及一体式框架提供稳定性且易于携带。

椅子在基本造型上呈现多样性，如涂漆或镀锌钢饰面以及弯曲的椅子腿等。颜色也具有多种选择性，从简约淡雅的中性色到活力十足的亮色一应俱全。

**下图** 庭院就餐区上方架设船帆状的帆布遮阳篷，防止太阳暴晒。其他可供选择的结构包括超大遮阳伞或凉棚（为葡萄藤或攀爬类植物提供便利），用于带来斑驳柔和的自然光线。

## 户外烹饪就餐区

夏日或温暖的夜晚在户外就餐可以说是生活中最大的乐趣，同样的食物都会变得异常美味。很多人都喜欢户外烧烤，这比微波炉烹饪有趣得多。户外就餐区和烹饪区最好设置在厨房附近，方便来回取放食物和餐具。

○注意舒适度。在烈日炎炎的午后顶着大太阳就餐可不是什么令人愉悦的体验。因此就餐区必须设置在自然阴凉的地方，如树下，或者在上方架设遮阳篷或太阳伞。

○烧烤会产生大量的热量和烟气，因此要将此区域放置在远离植被的位置，以免烧焦。如果定期户外烹饪，可以建造一个指定的烧烤区，确保烤架放置在正确的高度并确保周围的表面结构具有一定耐热性。

**下图** 以天然气或木炭为燃料的炉灶以及以木材为燃料的慢火烤箱扩大了户外就餐的食谱，除了香肠和汉堡，还有更多的选择。另外，许多户外烹饪器具可用作加热器，这也意味着可以在冬季享受花园烹饪和就餐的乐趣。

**p.230～231图** 屋顶花园通常能够营造出令人愉悦的美丽精致，但同时也会面临一定的问题。其裸露在外，风就是要面临的一大挑战。另外，需要向测量师或工程师进行咨询，确定其是否可以承受浇水或堆肥所带来的额外重量。

p.232图　室外壁炉散发出温暖的光芒，使其成为座区的焦点；向上的照明方式突出了树干，打造出让人惊喜的光影轮廓；地面摆放的灯笼发出点点微光，带来了微妙的变化。

下图　当某一特定光源与其背景照明对比过于强烈时，就会产生让人不舒适的眩光。最好的方式是隐藏光源。如图，嵌入式长凳采用底部照明，用以营造柔和而分散的背景光线。

## 照明

在花园中引入适当的照明方式不仅可以延长使用时间，还可以增添魔幻的气息。如今，户外灯具种类繁多且价格合理，例如，太阳能或电池小彩灯以及可调节花园灯（用于草坪等场所照明）。

○充分利用多种光源。单个的壁灯可以提供足够明亮的光线，满足就餐需求，也可以起到震慑外来者的作用。但其缺点就是往往会营造一种缺乏生机与活力的氛围。多个小光源可以散发出柔和的光线且不会造成眩光，进而营造一种温馨而神秘的气息。

○变换照明方向。树木及灌木丛可采用背部或底部照明方式，打造迷人的光影效果；围墙或篱笆墙可选择侧面照明，突出表面纹理质感。另外，还可以将照明灯具放置在坐凳或嵌入式结构内部；小彩灯可以通过树枝或攀爬植物串起来，打造出节日的喜庆氛围。

○避免光污染。过于明亮的照明会影响野生生物的昼夜规律，也会扰乱周围邻居的睡眠周期。同时，这也是一种能源浪费。因此，提供柔和的能够满足自身需求的照明即可。

○考虑安全性。道路照明确保能够清晰辨别出水平变化，以免发生事故。如果条件允许，可以选择将蜡烛放置在灯笼、茶盏或其他容器中，以免发生火灾。需要指出的是，任何电能照明系统都应该由专业电工安装完成，并配备断路器。

# 附 录

## 零售商信息

### 设计品牌

请直接访问网址即可。

Mauviel Copper Cookware
www.mauviel.com

Kilner Jar
www.kilnerjar.co.uk

Moka Espresso Pot
www.bialetti.it

Le Creuset Casserole
www.lecreuset.com

Wishbone Chair
www.carlhansen.com

Duralex Glassware
www.duralex.com

Karuselli Chair
www.avarte-cn.com

Glo-Ball F3 Light
www.flos.com

Anglepoise® Original1227™ Light
www.anglepoise.com

Leonardo Trestle Table
www.zanotta.it

606 Universal Shelving System
www.vitsoe.com

The Duvet
- see *Furniture & furnishings*

Snow Chest of Drawers
www.asplund.org

Componibili Storage System
www.kartell.it

Cast-iron Bath
- See *Kitchens & bathrooms*

### 康兰系列产品

Conran+ M&S
www.marksandspencer.com/c/home-and-furniture/conran

The Conran Shop
www.conran.com

### 定制项目

All three special projects included in this book were made by Michael Howard and built at Benchmark, our furniture-making business.
www.benchmarkfurniture.com

### 家具及配饰

经典现代家具一站店。

Aram
www.aram.co.uk

B&B Italia
www.bebitalia.it

Crate & Barrel
www.crateandbarrel.com

Habitat
www.habitat.co.uk
www.habitat.net

Home Depot
www.homedepot.com

Ikea
www.ikea.co.uk
www.ikea.com

John Lewis
www.johnlewis.com

Knoll International
www.knoll.com

Muji
www.muji.com

Pottery Barn
www.potterybarn.com

SCP
www.scp.co.uk

Skandium
www.skandium.com

Twentytwentyone
www.twentytwentyone.com

### 厨房及浴室产品

Agape
www.agapedesign.it

Alternative Plans
www.alternativebathrooms.com

Armitage-Shanks
www.armitage-shanks.co.uk

Aston Matthews
www.astonmatthews.co.uk

Avante Bathroom Products
www.avantikb.co.uk

Bathstore
www.bathstore.com

Bed Bath and Beyond
www.bedbathandbeyond.com

Boffi
www.boffi.com

Bulthaup
www.bulthaup.com

Dornbracht
www.dornbracht.com

Ideal Standard
www.ideal-standard.co.uk

Plain English
www.plainenglishdesign.co.uk

Siematic
www.siematic.com

Villeroy & Boch
www.villeroy-boch.com

## 图片版权

非常感谢以下为本书提供照片的公司或个人。

2 Getty Images; 6 Stephan Julliard/Tripod Agency; 8–9 Richard Powers (Architects: Knut Hjeltnes); 16 Hans Mossel/Pure Public (Styling: Sabine Burkunk); 18–19 Jake Curtis/Media 10 Images; 24 Birgitta W. Drejer/Sisters Agency (Stylist: Pernille Vest); 25 Mark Luscombe-Whyte/Homes & Gardens/IPC+ Syndication; 26–27 Petra Bindel/House of Pictures (Styling: Emma Persson Lagerberg/House of Pictures); 29 James Merrell/Living Etc/IPC+ Syndication; 30–31 Ben Anders; 32 Hans Zeegers/Taverne Agency; 34 James Merrell/Livingetc/IPC+ Syndication; 35 Richard Powers/Livingetc/IPC+ Syndication; 36 Birgitta W. Drejer/Sisters Agency (Architects: Emil Humbert and Christophe Poyet) www.humbertpoyet.com; 37 Prue Ruscoe/Taverne Agency; 38 Eric d'Herouville/Maison Magazine (Designer: Marie-Maud Levron); 39 Patric Johansson; 40 Anna Kern/House of Pictures (Styling: Linda Åhman/House of Pictures); 41 Ray Main/Mainstream Images; 42 Alessandra Ianniello/HomeStories; 44 left James Balston/Arcaid (Architect: Gianni Botsford); 44 right Daniella Witte; 45 left Dana van Leeuwen/Taverne Agency; 45 right Anouk de Kleermaeker/Taverne Agency; 48 Jake Curtis/Livingetc/IPC+ Syndication; 49 Julian Cornish-Trestrail/Media 10 Images; 50 Mikkel Vang/Taverne Agency; 52 Paul Massey/Livingetc/IPC+ Syndication; 53 Mark Bolton/GAP Interiors; 54 Andreas von Einsiedel; 55 Jake Curtis/IPC+ Syndication; 56 Greg Cox/Bureaux/GAP Interiors; 57 Debi Treloar (Catalogue: Conran M&S Autumn 2012); 58 Verity Welstead/Narratives; 60 and 62 Guy Obijn (Interior architect: Kaaidesign, Antwerp, Belgium); 64 Jean-Marc Palisse/Cote Paris (Architect: Thomas Fourtane); 65 above Prue Ruscoe/Taverne Agency; 65 below Birgitta W. Drejer/Sisters Agency (Stylist: Pernille Vest; Owner: Barbara Hvidt from Soft Gallery); 66 Chris Tubbs/Media 10 Images; 68–69 Mirjam Bleeker (Architects: Doepel Strijkers); 70 Paul Massey/Livingetc/IPC+ Syndication; 72 Tara Pearce; 74 Ben Anders (Owner: Bianca Hall of Kiss Her); 75 Mikkel Mortensen (Stylist: Gitte Kjaer); 76 Ben Anders (Architects: Huttunen Lipasti Pakkanen); 77 Design By Conran Exclusively for JCPenney; 78–79 Alessandra Ianniello/HomeStories; 80 Kira Brandt/Pure Public (Stylist: Glotti); 81 David Prince/Red Cover/Photoshot; 82 Kira Brandt/Pure Public (Stylist: Katrine Martensen-Larsen); 83 Birgitta W. Drejer/Sisters Agency (Owner: fashion designer, Charlotte Vadum); 84 Birgitta W. Drejer/Sisters Agency; 85 Martin Cederblad (Stylist: Charlotte Pettersson); 87 Brigitte Kroone/House of Pictures; 90 Jody Stewart/Homes & Gardens/IPC+ Syndication; 91 Catherine Gratwicke/Homes & Gardens/IPC+ Syndication; 98–99 Alexander James/TIA Digital. Architect: William Smalley; 101 Ioana Marinescu (Architect: David Kohn); 102 Paul Massey/Livingetc/IPC+ Syndication; 106 Mark Williams/Red Cover/Photoshot; 107 Simon Upton/The Interior Archive (Architect: John Pawson); 112 Line Klein; 113 Jefferson Smith/Media 10 Images; 114 Mikkel Adsbøl/Pure Public (Katrine Martensen-Larsen); 115 Bart van Leuven (Interior Architect: Jean-Pierre Detaeye); 118 Birgitta W. Drejer/Sisters Agency (Sylist: Pernille Vest; Owner: fashion designer, Malene Birger); 119 Tria Giovan/GAP Interiors; 122 Max Zambelli; 123 Ben Anders/Media 10 Images (Cabinet: Russell Pinch); 124 Fabio Lombrici/Red Cover/Photoshot; 126 Mikko Ryhänen, courtesy of Artek; 132 Mark Williams/Red Cover/Photoshot; 133 Costas Picadas/GAP Interiors; 134 Martin Gardner (Stylist: Emma Hooton)/courtesy of Anglepoise; 136 Max Zambelli; 137 Costas Picadas/GAP Interiors; 138 James Merrell/Livingetc/IPC+ Syndication; 139 Simon Upton/The Interior Archive (Designer: Michael Gabellini); 140–141 Gaelle Le Boulicaut; 142 Jonas Bjerre-Poulsen/Norm Architects; 143 Martin Hahn & Shelly Street/Narratives; 147 Bieke Claessens/GAP Interiors; 148 left Electrolux; 148 right Polly Wreford/Homes & Gardens/IPC+ Syndication; 149 left Nathalie Krag/Taverne Agency; 149 right Paul Massey/Red Cover/Photoshot; 150 Thomas Stewart/Media 10 Images; 152 Sarah Blee (Architect: Claudio Silvestrin); 160 C.Dugied/MCM/Camera Press (Owner: Painter, Catherine Lê-Van ); 161 Frédéric Vasseur/MCM/Camera Press; 162–163 Chris Tubbs/Media 10 Images; 164 Dana van Leeuwen/Taverne Agency; 165 Earl Carter/Taverne Agency; 168 Greg Cox/H&L/GAP Interiors (Styling: Jeanne Botes); 169 Karel Balas/Milk/Vega mg; 170 Marjon Hoogervorst/Taverne Agency; 172 Bieke Claessens/GAP Interiors; 173 Andreas von Einsiedel/View; 174 left Jean-Marc Palisse/Cote Paris (Architect: Mathurin Hardel, Cyril Le Bihan); 174 right Andreas von Einsiedel; 175 Simon Griffiths/Bauer Media Group/Camera Press; 176 Pernilla Hed (Styling: Daniel Bergman); 178 Jake Curtis/Livingetc/IPC Syndication; 180 Dana van Leeuwen/Taverne Agency; 181 Earl Carter/Taverne Agency; 182 James Merrell/Livingetc/IPC+ Syndication; 183 Jake Fitzjones/GAP Interiors (Charlotte Crosland Interiors); 184 Costas Picadas/GAP Interiors; 191 Rachel Whiting/GAP Interiors; 192 Tim Evan-Cook/Livingetc/IPC+ Syndication; 193 Greg Cox/H&L/GAP Interiors (Styling: Kate Boswell); 194 Andreas von Einsiedel; 196 Luke White/The Interior Archive (Architect: Sandra Kesselring); 197 Jake Curtis/Livingetc/IPC Syndication; 198 Birgitta W. Drejer/Sisters Agency (Owner: Charlotte Lynggaard); 199 Chris Tubbs/Media 10 Images; 202 Serge Brison/Hemis/Camera Press; 203 Brent Darby/Narratives; 204 Jonas Bjerre-Poulsen/Norm Architects; 206 Ben Anders/Homes & Gardens/IPC+ Syndication; 207 Gaelle Le Boulicaut; 208 Birgitta W. Drejer/Sisters Agency; 210 left Ben Anders (Architects: Studiomama); 210 right John Paul Urizar/Bauer Media Group/Camera Press; 211 left Alessandra Ianniello/HomeStories; 211 right Greg Cox/Bureaux/GAP Interiors (Styling: Sven Alberding); 212 Andreas von Einsiedel (Architect: John Minshaw); 214 Inigo Bujedo Aguirre/View; 220, 222 Marianne Majerus/MMGI. Design: Sara Jane Rothwell ; 223 FocusOnGarden/Luckner/Flora Press; 224 left courtesy Terrasses des Oliviers - Paysagiste Paris; 224 right Andrea Jones/Garden Exposures; 225 left frazaz/iStock; 225 right Nick Carter/GAP Interiors; 226 Frédéric Vielcanet/Alamy Stock Photo; 228 Andrea Jones/Garden Exposures; 229 Marianne Majerus/MMGI. Design: Charlotte Rowe; 230 Marianne Majerus/MMGI. Design: Tom Stuart-Smith; 232 Marianne Majerus/MMGI. Design: GardenClub, London; 233 Clive Nichols.

The following photographs were taken specially for Conran Octopus by: Paul Raeside 4–5; 10; 12; 20; 22; 46–47; 86; 88;94; 96; 104–105; 116–117; 128; 130; 146; 156; 158; 186; 188; 200–201; 209; Nick Pope 15; 28; 92; 108; 110; 144; 154; 167.

**A**

Aalto, Alvar 127
ABS plastic 185
alcoves *115*, *183*, *199*
Anglepoise light 135
appliances
  built-in *65*
  kitchen 23, 34, 39, 54
  utility room 148–149, *148*
armoires, Marlow *122*
Artek 127
artwork 57, 179
Asplunds 177
attics 153, *160*

**B**

back-lighting 121, 233
backsplashes *see* splashbacks
baffles 41, 142
barbecues 228, *229*
bar stools *65*
bar units *25*
baseboards *see* skirting boards
basements 153
baskets 49, 52, 122, *149*, 180
bath linen *169*
bathing 186–217
  bathroom cupboard project 217
  cast-iron bathtub 195
  choosing fixtures 203, *203*
  family bathrooms 196, *196*
  layouts 190, *190*
  lighting 206, *206*
  Orbit mirror 213
  showers and wet rooms 199, *199*
  storage and display 215, *215*, 217
  surfaces and finishes 209–211, *209*, *210*, *211*
  tiled bathrooms 43, *189*, 196, *196*, *210*, 211, *211*
  utility areas 148, 149, 196
  Vola tap 295
bathmats 196
bathtubs 190, *190*, 195, *196*, 203, *203*, 209
batterie de cuisine *29*, 57
beauty products 217
bed frames 160
bed linen 159, 160, *169*, *215*
bedrooms *see* sleeping
beds 159, 160, *160*
  box *180*
  bunk 179
  divan 160
  platform 179, 183
  twin *180*
bedsteads 160
benches 101, 112, *221*
Benchmark *15*, 93
Bestlites *142*
Bialetti, Alfonso 59
bidets 203
Bieffe 213
blackboard paint 29
blankets 119, 160, 169, 171
blinds 107, *107*, 165
Bloomingdale's 185
Bohlin, Jonas 177
bookcases 179
books 180, 183
  cookery *49*
  reference *115*
  storage 122, *122*, 125
box beds *180*
box files 153
boxes 122, 180
Braun 151
broom cupboards 131, *148*, 149
brushes 148
Bryanston School, Blandford, Dorset 15
Buick, David Dunbar 195
bunk beds 179
butcher's block table 39, *39*

**C**

cabinets
  bathroom 217
  bespoke 37
  built-in *39*
  childproof locks 29
  glass-fronted *37*, 177
  low 91, 122
  mirrored 215, *215*
  modern 39
  wall 215
  woodworking *15*
Campani, Paul 59
candle-holders 83, 233
candlelight 83, 233
Carl Hansen & Son 73
carousel units 25
carpeting 77, 125, 165
casseroles 67, 87
Castelli, Giulio 185
Castiglioni, Achille *125*, 145
catches 17, 37
Cawardine, George 135
CDs 125, 183
ceilings, high *37*
chairs 97, *137*
  Ant *83*
  armchairs 101
  Barcelona *101*
  bentwood 77
  café *83*
  club 101
  DSR *83*, *132*
  EA117 office 147, *147*
  Eames Lounge *109*
  ergonomic 147
  foldable 63, 101
    French bistro 227
  Karuselli 101, 103
  leather-clad 77
  mismatching *25*
  RAR rocker *101*, *112*, *196*
  Round 73
  Series 7 (model 3107) *83*
  stackable 63
  teak-framed *101*
  tubular steel *74*
  Tulip *63*
  Wishbone *65*, 73
  work 147
chaises longues 101
chandeliers 109
chest of drawers, Snow 177
children's play 125
children's rooms 159, 179, *179*
children's storage 180, *180*, 183, *183*
chimney breasts *183*
cleaning products 152
cloakrooms 190, 203, 209
closets 166, 180
  linen 131
clothes storage 173, *173*, 180, 183
collections, displaying 119, 121
comforters *see* duvets
Componibili Storage System *179*, 185
composites 44
computer-based work *132*, 142, *142*
concrete *37*, 45, *209*
condensation 209
condiments 49
containers 122, 125, 153, 173, 180, 196, 215
  outdoor spaces 221, *224-5*, 225, *229*
cookers, range-style 39, *229*
cooking 20–59
  basic equipment 54, *54*
  family kitchens 29, *29*
  fitted kitchens 37, *37*
  food storage 49, *49*
  Kilner jar 51
  kitchen displays 57, *57*
  larders 52, *52*
  layouts 25, *25*
  lighting 40–41, *41*
    outdoors 228, *229*
  Mauviel copper cookware 33
  Moka espresso pot 59
  small kitchens 34, *34*
  surfaces and finishes 43–45, *43*, *44*, *45*
  unfitted kitchens 39, *39*
cookware 57
  copper *29*, 33
Corian *23*, *65*
cornicing *37*
cotton 169
counters 29, 71
  breakfast 34
  Corian *23*
  walnuts *25*
  wood-veneer cladded 54
crates, wooden *131*
crockery *54*, 87, 91
cubbyholes *173*, 174, *174*
cupboards 122, 174
  bathroom cabinet project 217
  built-in 112, 149, *160*, 166
  concealed *137*
  drinks cupboard project 93
  low *74*
  pantry 52, *52*

shelved *122*
stationery desk project 155
wood-veneer cladded 43
cups 91
curtains 77, 107, *165*
cushions 101, *107*, *115*, 119
cutlery 87, 91

**D**

Danish National Bank, Copenhagen 205
De Ponti, Luigi 59
dead space 25
desks *131*, *132*, 147, 183
desktops 132, 152, 155
detailing 15, 37, 91, 107
digital collections 125
dimmers 40, 41, 83, 109, 166, 179, 206
dining areas/rooms 15, 25, *29*, 63, 77, *77*, *97*
outdoors 222, *222*, 228
dishes 57, 215
serving 87
displays *115*, 119, *119*
bathroom 215, *215*
rules for 120–121
teenagers 183
divan beds 160
dividers 34, 74, 122, *173*
doll's house *147*
*Domus* 103
doors
double *52*
glass *190*
shower 199
sliding 29, 185, *190*
veneered 174
wooden 174
downlights *23*, 41, *41*, 83, 109, 206
drawer units, freestanding *39*
drawers
divided 91
fronts 34, 37
interiors 34
overstuffed 173
shoe 174
wide *173*
dressers 91
Welsh 39
dressing areas *160*, *173*, 174, *174*
dried food 49
driers, clothes 196
drinks cupboard (project) 93
Duralex glassware 89
duvet covers 169
duvets 171
DVDs 125, 183

**E**

E-tracks 151
E1027 seaside house, Roquebrune-Cap-Martin, South of France *112*
Eames, Charles and Ray *83*, *101*, *109*, *112*, *132*, *147*, *196*
eating 60–93
creating a focus 80, *80*
drinks cupboard project 93
Duralex glassware 89
eating in the kitchen 65, *65*, 71, *71*
Le Creuset casserole 67
lighting 83, *83*
living/dining areas 74, *74*
outdoor spaces 222, 228, *229*
separate dining rooms 77, *77*
storage 91, *91*
table settings 87, *87*
Wishbone chair *65*, 73
Eilersen *101*
electrical sockets 109
emulsion, water-based 45
engineered oak 43
entertainment systems 125
environmental considerations 15, 221, 225, 233
equipment, kitchen 54
espresso pot, Moka 59

**F**

faucets *see* taps
Ferrieri, Anna Castelli *179*, 185
films 125
fireplaces 112, *233*
flatware *see* cutlery
floor lamps 40, 109, *142*, 166
AJ Visor *101*
Arco *125*
Glo-Ball light 111
flooring
bathroom 209, 211
concrete *37*, 45, *209*
floorboards *17*, *29*, *34*
garden decking *224*, 225
hardwood 43, *44*, 80, 210
nonslip 43, 211
pale *107*, *160*, 165
parquet *44*
softwood 210
stone 43, 52, 210
tiled 52
wood *43*, 165
flowers 119, 153, 221, 224-5
flush panels 34, *122*, 125, 132, 173, *189*
food processors *52*
food storage 49
freezers 49
fruit 51, 57, 221

**G**

games 180
garden sheds 138
gardens 15, 220-33
cooking *229*
design 221, 222
furniture *221*, *222*, 227
lighting 233
raised beds 224, *224*
roof gardens *229*
shade 228, *228*
garment bags 173
general circulation spaces *137*
Gill, Eric 15
glass: in kitchen 44
glassware *13*, 91
Duralex 89
Picardie glasses 89
Provence glasses 89
storage 91
wine glasses 87
Glo-Ball light 111
granite 43
Gray, Eileen *112*
grouping of objects
chairs 101
display 119, 120
kitchen 57, 91
reference books *115*
sofas and chairs 112
tables or stools 112
guest washrooms *see* cloakrooms

**H**

Habitat 171, 213
hallways 109, 122, 137, *137*, 174
handles 37
Handly-Reid, Charles 15
hanging rails 173
headboards 160, 166
Heger, Anders *65*
Henningsen, Poul 83
Herbert Terry & Sons 135
highboards 91
home offices 122, 125, 138, 147
hutches *see* dressers

**I**

IKEA 177
indoors/outdoors 15, *29*, *71*, 222
*Interiors* magazine 73
iPads 155
island kitchens 25, *25*, *39*, *41*, *49*

**J**

Jacobsen, Arne 83, *83*, *101*, 205
jacquard 169
jars
in bathroom 215
Kilner 51
Le Parfait 51
Mason (Ball) 51
storage 49
jugs 57, *91*

**K**

Kartell 185
kelims *107*
Kilner, John 51
Kilner jars 51
Kinsman, Rodney 213
kitchen displays 57, *57*
kitchen equipment 54
kitchen units *37*
base plinths 34
built-in *44*
fronts 37
laminate fronts *43*
stainless-steel 44, *44*
wall-hung 41
kitchen/diners 80
kitchens 15, 20–59, 109
eating in the 65, *65*
extending 71
family 29, *29*
fitted 34, 37
labour-saving 23
layouts 25, *25*, 190
galley 25, *34*, *65*
in-line (single-line) 25, *25*, *65*, *83*
island 25, *25*, *29*, *39*, *41*, *49*
L-shaped 25, *25*
U-shaped 25
Mauviel copper cookware 33
open-plan *13*, *29*
overelaborate 23
safety 29
small 34, *34*
surfaces and finishes 43
tiled 43
unfitted 39, *39*
utility areas 148, 149
knives *54*
Korhonen, Otto 127
Kukkapuro, Yrjö 103

**L**

L-shaped rooms 25, *25*, 74
laminates 43, 44
lamps *see* floor lamps; standard lamps; table lamps

landings 137
laptops 132, 138, 155
larder 49, 52, *52*
latex *see* emulsion, water-based
laundry rooms 142
Le Creuset casserole 67
Le Parfait jars 51
level, changes of *74*, 80, 222
libraries 77, 122, 159
lighting 97
artificial 109, 166
bathroom 206, *206*
bedroom 165–166, *165*, *166*
Bestlites *142*
candlelight 83, 233
children's rooms 179
dining room 83, *83*
integral *137*, 206, 215
kitchen 40–41, *41*
living room 107, *107*, *109*, 111
natural *23*, *29*, *41*, *71*, 107, *107*, *138*, 142, 165, 179, 206, 209
outdoor spaces 233
recessed 137
task 41, *41*, 135, *137*, 142, *142*, 166, 179
toplighting 142
workspaces 142, *142*
*see also* floor lamps; standard lamps; table lamps; wall lights
limestone 43, 210
linen 169
linen closets 131
linoleum 45, 211
living areas 97, *97*, *107*, 109, 111, *115*, 119
living/dining areas 74, *74*
loose covers 101

**M**

magnetic strip *54*
mantelpieces *119*, 121
marine ply 210, *211*
Mason (Ball) jars 51
*Masterchef* 23
mattresses 160
Mauviel copper cookware 33
medicines 215
message boards 29
metro tiling 43, *44*
mezzanines 137
M'heritage range (Mauviel) 33
Mies van der Rohe, Ludwig *101*
mirrors *174*, 189, *189*, 206, 217
Orbit 213
Moka espresso pot 59
Morrison, Jasper 111
mosaic tiling 43, *196*, 211
moths 173, *174*
mugs *91*
Museum of Modern Art (MOMA)
'Italy: The New Domestic Landscape' exhibition (1972) 185
music 125

**N**

Nelson, George 107, *132*, 147

**O**

OMK 213
open fires *97*, 112, 233
open-plan areas *13*, *25*, *29*, 37, *142*
Orbit mirror 213
outdoor living 15, 220–33
*see also* gardens
Overgaard, Verner 205

**P**

paint
blackboard 29
in kitchen 45
moisture-resistant 45, 196
oil-based 45
paintings 119
panelling 37
acrylic panels 174
backlit glass panels 44
flush panels 34, *122*, 125, 132, 173, *189*
tongue-and-groove *180*
pans
copper *29*, 33
pots and 54, 91
Panton, Verner *63*
paths, outdoor 222, 233
peg rails 149, 180
PEL *74*
pendant lights 40, 80, 83, 109, 179
industrial *83*
Jacobsen *83*
PH Artichoke 83
pleated paper *107*
VP Globe *63*
peninsula *65*, 71
photographs *78*, 125, 153
picture lights 109
pictures 119
pillowcases 169
pillows (bedding) 169
pillows (US) *see* cushions
pinboards 153
Pinch, Russell *122*
pitchers *see* jugs
plain, simple and useful objects: defined 13–14
plants 119, 221, *222*, *224-5*, 224-5
plaster, painted *211*
plates 87, 91
platform beds 179, 183
platters 87, 91
polyester 169
postcards 153
posters 57, 179, 183
pots
coffee *52*
and pans 54, 91
Potter, Don 15
power points 109, 125, 179
preparation areas 29, *41*
printers 138, *147*
prints 57, *78*, *119*, *142*

**Q**

quilts 101, 169

**R**

racks 52, 149, *190*
clothes 173, 180
spice *52*
wire 49, 215
rails
hanging 173
heated towel 189, *190*, 215
Rams, Dieter *91*, 151
reference material 152, *152*, 153
refrigerators 39, 49, 52, 54
relaxing 94–127
focal points 112, *112*, *115*
Glo-Ball light 111
Karuselli chair 103
lighting 107, *107*, 109, *109*, 111
Model No.60 stool 127
sitting comfortably 97, 101, *101*
storage 122, *122*, 125, *125*
visual delight 119–121, *119*
roof gardens *229*
rooflights 142
rubber, studded 211
rugs 80, *107*, 112, *112* 125, *209*

**S**

Saarinen, Eero *63*
safety 29, 179, 206, 233
salad bowls 87
Sandell, Thomas 177
sandstone 43
sanitaryware 203
sconces 83
screening 29, *45*, *65*, 71, 74, 107, *107*, 125, 132, 199
sliding screens 174
sculleries 149
seating
modular 101
outdoor 221, *221*, 222
sectional *97*, 101
seersucker 169, 171
servicing 15
shades *see* blinds
Shaker style 15
sheets 169, 171
shelves 29, *137*
606 Universal Shelving System *91*, 151
adjustable 34
alcoves *115*
built-in 137, *138*, 183
cantilevered *13*, 125
downlights on underside *23*
floating 125
freestanding 153
glass 215
low 125
narrow 49, *78*, 93, *119*, 149, 155, *180*, *183*, 217
open *37*, *54*, 57, *57*, 91, 122, 153, *173*, 215, *215*
pantry *49*, 52
pull-out *152*
shop fittings, reclaimed 39
shower cubicles/rooms 190, 196, *196*, 199, *199*, 215
showers *190*, 209, 211
bases 210
controls 199
shower heads 199, *199*
shower trays 199
side-lighting 121
sideboards *74*, 91
silverware 91
sinks
bathroom *189*, 190, *196*, 203, 209, *211*
corner 203
double *190*, 196, *196*
glass 203
integral 43
kitchen 39
skylights 142, *159*
slate 43, 52, 210
sleeping 156–187
bed linen 169, *169*
bedroom lighting 165–166, *165*, *166*
beds 160, *160*
children's rooms 179, *179*
children's storage 180, *180*, 183, *183*
clothes storage 173, *173*
Componibili Storage System 185
dressing room *173*, 174, *174*
duvets 171
lighting 165–166, *165*, *166*
Snow chest of drawers 177
sleeping platforms 137
Snow chest of drawers 177
soap 215
sofas 74, 97, *97*, 101, *115*, 160
Eilersen *101*
modular *97*, *112*
teak-framed *101*
soft furnishings 119, 179

soup tureens 87
spice racks *52*
spices 49
splashbacks *23*, 43
glass 44
stainless-steel 44
tiled 211
spoons, wooden *54*
spotlights 41, 83, 109, 121
stainless steel 33, *39*, 44, *44*, 111, *209*
standard lamps *109*
stationery cupboard (project) 155
stockists 218
stools *65*, 101, 112, *115*
Model No.60 127
storage
bathroom *189*, 215, *215*, 217
bed 160
built-in 153, *173*, 174, *174*
children's 180, *180*, 183, *183*
clothes 173, *173*, 180, 183
drinks cupboard 93
food 49
furniture 122
kitchen 25, 49, *49*
levels of 152–153
stationary cupboard 155
tool *148*
workspace *131*, *138*, 152–153, *152*
storage units
Componibili *179*, 185
stainless-steel *39*
storage lockers *149*
stoves 39
closed 112
solid-fuel 112
wood-burning *78*, *115*
striplights 41, 109, 142
studies 77, 138, *138*

## T

table lamps 40, 109, 166, *166*
table linen 87, 91
table settings 87, *87*
tables *137*
butcher's block 39, *39*
coffee 112, *112*, *115*
dining *25*, *29*, *65*, 71, 74, 80, 125
Eames *101*
extendable 63
glass-topped 77, 112, 147
night 160, *179*
refectory 77, 145, 147
trestle 77, 145, 147
wooden *83*
work 147
taps *189*, *203*, *209*
tea lights *199*, 233
teenager's rooms 183, *183*
television 109, 112
terraces *29*, *190*
three-piece suites 101
throws 101, *115*, 119, 169
tiling
bathroom 43, *189*, 196, *196*, *210*, 211, *211*
coloured tiles 43
kitcher/diner 80
metro 43, *44*
mosaic 43, *196*, 211
shower room *199*
toilets 190, 203
toolbenches 142
tools 148, *148*
toothbrushes 215
toplighting 142, *159*, 206
towels 189, 196, 215
toys 179, 180
bath 196
tracklights 41
trailing flexes 29, 40, 83, 109, 125, 179
trolleys, mobile 215
trunks 122
tumblers 87

## U

underfloor heating *209*
unity *37*
uplighting 40, 109, 121, 142, *142*, 166
utility areas 142, 148–149, *148*, *149*

## V

vanity units *189*, *190*, 203, 210, *211*, *215*
vegetables 49, 51, 57, 221, *224*, 225
Venetian blinds 107
ventilation 52, 57, 71, 149
vestibules 174
video recorders 125
Viipuri Library (now Vyborg Library), Russia 127
vinyl 43, 45, 209, 211
Vitsoe 151
Vola tap 205, 295
Volcanic range (Le Creuset) 67

## W

wall lights 83, 166, 179, 206
Bestlites *142*
wall units
bathroom cabinet 217
drinks cupboard 93
glass-fronted 44, 91
stationary cupboard 155
wall-washers 109
walls
glazed end *29*, *41*
mirrored *159*
stone 210
white *107*, 165
wardrobes 166, *183*
washing machines 196
Wegner, Hans *65*, 73
wet rooms *190*, 199, *199*
Wilder, Billy *109*
wildlife 221, 225, 233
window seats *180*
windows
bay 74
double *138*
full-height *169*
locks on 179
wine storage 49, *49*, *52*
Wishbone chairs *65*, 73
wood cladding *37*
'work triangle' 25
working 128–155
606 Universal Shelving System 151
Anglepoise light 135
borrowed space 137, *137*
equipment 147, *147*
lighting 142, *142*
shared working areas 132, *132*
stationery cupboard project 155
storage 152–153, *152*
studies 138, *138*
trestle table 145
utility rooms 148–149, *148*, *149*
workshops 142
worktops 137
built-in *138*
concrete 45
extending 34
glass 44
granite 43
heat- and stain-resistant 43
illuminating 41
lighting 40
oiled hardwood 43
stone *43*

## Y

Y chair *see* Wishbone chair
yacht varnish 210

## Z

Zanotta 145

First published in Great Britain in 2014
Under the title Plain Simple Useful
by Conran Octopus Ltd, a part of Octopus Publishing Group Ltd, Carmelite House, 50 Victoria Embankment, London EC4Y 0DZ
Revised edition published in 2020



图书在版编目（CIP）数据

家居空间设计指南 ： 康兰谈风格 / （英） 特伦斯 · 康兰著 ； 张海会译 . — 沈阳 ： 辽宁科学技术出版社， 2021.9
ISBN 978-7-5591-1969-8

Ⅰ . ①家… Ⅱ . ①特… ②张… Ⅲ . ①住宅—室内装饰设计—指南 Ⅳ . ① TU241-62

中国版本图书馆 CIP 数据核字（2021）第 029551 号

出版发行：辽宁科学技术出版社
（地址：沈阳市和平区十一纬路 25 号 邮编：110003）
印 刷 者：上海利丰雅高印刷有限公司
经 销 者：各地新华书店
幅面尺寸：201mm×253mm
印　　张：15
插　　页：4
字　　数：300 千字
出版时间：2021 年 9 月第 1 版
印刷时间：2021 年 9 月第 1 次印刷
责任编辑：鄢　格
封面设计：关木子
版式设计：关木子
责任校对：韩欣桐

书　　号：ISBN 978-7-5591-1969-8
定　　价：228.00 元

联系电话：024-23280070
邮购热线：024-23284502
http://www.lnkj.com.cn